计算机网络基础实训教程

——基于 eNSP 的路由与交换技术的配置

主　编　孟祥成
副主编　曹鹏飞　朱礼俊　曾晓锦

北京邮电大学出版社
www.buptpress.com

内 容 简 介

本书是基于 eNSP 的路由与交换技术的配置,采用案例驱动的形式编写而成。全书共分为 5 篇(交换基础篇、路由基础篇、广域网技术篇、网络服务与网络安全篇、综合实验篇),详细讲述了组网的常用技术(交换技术、路由技术、广域网技术、网络服务与网络安全等)。每篇由若干个案例组成,全书共计 16 个案例。这些案例首先介绍了交换网络的规划与设计,然后描述了企业网络中路由网络的组建与配置、广域网技术配置、网络安全配置管理等,最后以网络交换技术和路由技术为基础进行了综合性的拓展实验配置。

本书可作为高校计算机应用专业、计算机网络技术专业、通信专业等相关专业的教材,也可以作为网络爱好者和工程技术人员的参考书。

图书在版编目(CIP)数据

计算机网络基础实训教程:基于 eNSP 的路由与交换技术的配置 / 孟祥成主编 . -- 北京:北京邮电大学出版社,2018.11 (2024.7 重印)

ISBN 978-7-5635-5640-3

Ⅰ. ①计… Ⅱ. ①孟… Ⅲ. ①计算机网络—教材 Ⅳ. ①TP393

中国版本图书馆 CIP 数据核字(2018)第 281841 号

书　　　名:计算机网络基础实训教程——基于 eNSP 的路由与交换技术的配置
责 任 编 辑:刘　颖
出 版 发 行:北京邮电大学出版社
社　　　址:北京市海淀区西土城路 10 号(邮编:100876)
发 行 部:电话:010-62282185　传真:010-62283578
E-mail:publish@bupt.edu.cn
经　　　销:各地新华书店
印　　　刷:保定市中画美凯印刷有限公司
开　　　本:787 mm×1 092 mm　1/16
印　　　张:12.5
字　　　数:302 千字
版　　　次:2018 年 11 月第 1 版　2024 年 7 月第 8 次印刷

ISBN 978-7-5635-5640-3　　　　　　　　　　　　　定　价:30.00 元

前　　言

在飞速发展的现代网络中,无论是简单的小型局域网还是复杂的大型广域网,它们都是由各种各样的网络设备连接起来的。作为一名从事网络规划设计、网络配置与管理的专业人员,必须熟练掌握网络设备的配置与管理等基本技能。

本书实训内容包括:"实训背景""技能知识""案例需求""拓扑设备""案例实施""常见问题与解决方法""创新训练"等模块。可先阅读"实训背景"和"技能知识",了解实训应该掌握的知识技能,再进行实验操作。请仔细阅读"技能知识",这些内容很好地展示了案例实施的思路。"常见问题与解决方法"模块列出了案例实施过程中遇到的一些常见问题及解决方法或与该案例相关的问题及解决方法。"创新训练"模块,可以启发读者进一步的思考,使读者能更加深刻地理解相关技术知识。

本书基于 eNSP 路由与交换技术的配置,采用案例驱动的形式编写而成,全书共分为 5 篇(交换基础篇、路由基础篇、广域网技术篇、网络服务与网络安全篇、综合实验篇),详细讲述了组网的常用配置技术(交换技术、路由技术、广域网技术、网络服务与网络安全等)。每篇由若干个案例组成,全书共计 16 个案例,除综合实验篇外,每个案例均可分为基础性配置实训和创新性配置实训两个部分。这些案例涵盖的路由与交换技术知识点主要有:交换机基本配置、VLAN 技术配置、路由器基本配置、静态路由的配置、RIP 的配置、OSPF 的配置、ACL 的配置、HDLC 的配置、PPP 协议的配置、DHCP 协议的配置等。

本书语言通俗易懂,突出了以案例为中心的特点,适合于学习网络技术的高校学生以及与网络相关的专业人员阅读使用。

编　者

目　　录

第一篇　交换基础篇

第二篇　路由基础篇

第三篇　广域网技术篇

第四篇　网络服务与网络安全篇

第五篇　综合实验篇

第一篇

交换基础篇

重要知识

实训 1　交换机基本配置

1.1　实　训　背　景

　　某企业的网络管理员对刚出厂的交换机进行初始化配置,为了保证局域网的安全并优化局域网,该网络管理员对交换机进行了优化配置。本实训学习如何创建基本交换机配置。通过该实训,可以掌握交换机的管理特性,学会配置交换机的相关语句和基本配置参数的具体操作,并学会验证所做配置信息的正确性。

1.2　技　能　知　识

1.2.1　eNSP 简介

　　本书所有实训任务都是在 eNSP(Enterprise Network Simulation Platform)网络仿真平台上进行操作,eNSP 是华为提供的一款免费的、可扩展的、图形化的网络设备仿真平台,主要对企业网路由器、交换机、WLAN 等设备进行软件仿真,完美呈现真实设备部署实景,支持大型网络模拟,让用户有机会在没有真实设备的情况下也能够开展实验测试,学习网络技术。

　　该软件的功能特色如下。

1. 图形化操作

　　eNSP 提供便捷的图形化操作界面,让复杂的组网操作变得更简单,可以直观地感受设备形态,并且支持一键获取帮助和在华为网站查询设备资料。

2. 高仿真度

　　按照真实设备支持特性情况进行模拟,模拟的设备形态多,支持功能全面,模拟程度高。

3. 可与真实设备对接

　　支持与真实网卡的绑定,实现模拟设备与真实设备的对接,组网更灵活。

4. 分布式部署

　　eNSP 不仅支持单机部署,而且支持 Server 端在多台服务器上的分布式部署。在分布式部署环境下能够支持更多设备组成复杂的大型网络。

1.2.2　交换机概述

　　交换机,英文名称为 Switch,也称为交换式集线器,它是一种基于 MAC 地址(网卡的硬件地址)识别,在通信系统中完成封装转发数据包信息交换功能的网络设备。交换机可以

"学习"MAC 地址,并把其存放在内部地址表中,通过在数据帧的始发者和目标接收者之间建立临时的交换路径,使数据帧由源地址到达目的地址。

1. 交换机系统启动原理

(1) 系统启动

系统启动时需要加载系统软件和配置文件。如果指定了下次启动的补丁文件,还需加载补丁文件。

(2) 系统软件

设备的软件包括 BootROM 软件和系统软件。设备上电后,先运行 BootROM 软件,初始化硬件并显示设备的硬件参数,然后运行系统软件。

系统软件一方面提供对硬件的驱动和适配功能;另一方面实现了业务特性。BootROM 软件与系统软件是设备启动、运行的必备软件,为整个设备提供支撑、管理等功能。

设备的软件升级包括升级 BootROM 软件和升级系统软件。目前华为交换机设备的系统软件(.cc)中已经包含了 Boot 软件,在升级系统软件的同时即可自动升级 Boot 软件。

(3) 配置文件

配置文件是命令行的集合。用户将当前配置保存到配置文件,以便设备重启后,这些配置能够继续生效。另外,通过配置文件,用户可以方便地查阅配置信息,也可以将配置文件上传到别的设备,来实现设备的批量配置。

2. 交换机的主要性能参数

交换机的重要性能参数包括端口数量、端口带宽、交换容量、包转发率等。

(1) 端口数量

交换机设备的端口数量是交换机最直观的衡量因素,通常此参数是针对固定端口交换机而言,常见的标准的固定端口交换机端口数有 8、12、16、24、48 等。另外,部分交换机还会提供专用的上行端口。

(2) 端口带宽

端口传输速度是指交换机端口的数据交换速度,也叫端口带宽。目前常见的端口带宽有 10 Mbit/s、100 Mbit/s、1 000 Mbit/s 等。

(3) 交换容量

交换容量是指整机交换容量,交换机内部总线的传输容量。交换容量是内核 CPU 与总线的传输容量。一台交换机所有端口都在工作时,它们的双向数据传输速率之和称为这台交换机的接口交换容量。在设计交换机时,交换机的整机交换容量总是大于交换机的接口交换容量。

(4) 包转发率

包转发率是指一台交换机每秒可以转发数据包的数量,即整机包转发率。而一台交换机所有端口都在工作时,它们每秒可以转发的数据包数量之和称为这台交换机的接口包转发率。

1.2.3　命令视图

系统将命令行接口划分为若干个命令视图,系统的所有命令都注册在某个(或某些)命令视图下,只有在相应的视图下才能执行该视图下的命令,如表 1-1 所示。

表 1-1　命令视图功能特性

命令视图	功　能	提示符	进入命令	退出命令
用户视图	查看交换机的简单运行状态和统计信息	＜Huawei＞	与交换机建立连接即进入	quit 断开与交换机的连接
系统视图	配置系统参数	［Huawei］	在用户视图下输入 system-view	quit 返回用户视图
以太网口视图	配置以太网口参数	［Huawei-Ethernet0/0/1］	在系统视图下输入 interface Ethernet 0/0/1	quit 返回系统视图
千兆以太网接口视图	配置千兆以太网接口参数	［Huawei-GigabitEthernet0/0/1］	在系统视图下输入 interface GigabitEthernet 0/0/1	quit 返回系统视图

初次使用交换机进行配置时,需要了解几种模式的命令及其之间的进入命令和退出命令。下面是实际的配置命令的使用,并附加有注释说明。

```
＜Huawei＞system-view                        //由用户视图进入系统视图
Enter system view, return user view with Ctrl+Z.   //使用键盘组合键"Ctrl+Z"可退出系统视图
［Huawei］interface Ethernet 0/0/1            //由系统视图进入以太网口视图
［Huawei-Ethernet0/0/1］quit                  //由以太网口视图退出到系统视图
［Huawei］interface GigabitEthernet 0/0/1     //由系统视图进入千兆以太网接口视图
［Huawei-GigabitEthernet0/0/1］quit           //由千兆以太网接口视图退出到系统视图
［Huawei］
```

1.2.4　命令帮助

输入命令行或进行配置业务时,命令帮助可以提供在配置手册之外的实时帮助,主要有:完全帮助和部分帮助。

1. 完全帮助

应用完全帮助,系统可以协助用户在输入命令行时,给予全部关键字或参数的提示。命令行的完全帮助可以通过以下 3 种方式获取:

(1) 在所有命令视图下,输入"?"获取该命令视图下所有的命令及其简单描述。

(2) 输入命令,后接以空格分隔的"?",如果该位置为关键字,则列出全部关键字及其描述。

(3) 输入命令,后接以空格分隔的"?",如果该位置为参数,则列出有关的参数名和参数描述。

2. 部分帮助

在用户输入命令行时,部分帮助可以给予以该字符串开头的所有关键字或参数的提示。命令行的部分帮助可以通过以下 3 种方式获取:

(1) 输入字符串,其后紧接输入"?",列出以该字符串开头的所有关键字。

(2) 输入命令,后接字符串紧接"?",列出命令以该字符串开头的所有关键字。

（3）输入命令的某个关键字的前几个字母，按下"Tab"键，可以显示出完整的关键字，前提是这几个字母可以唯一地标识出该关键字，否则，连续按下"Tab"键，可出现不同的关键字，用户可以从中选择所需要的关键字。

1.2.5　系统快捷键

系统快捷键是系统中固定的快捷键，不由用户定义，代表固定功能。系统的主要快捷键如表 1-2 所示。（在 eNSP 仿真软件中，只支持部分功能键。）

表 1-2　系统快捷键

序　号	功能键	功　能
1	CTRL_A	将光标移动到当前行的开头
2	CTRL_B	将光标向左移动一个字符
3	CTRL_C	停止当前正在执行的功能
4	CTRL_D	删除当前光标所在位置的字符
5	CTRL_E	将光标移动到当前行的末尾
6	CTRL_F	将光标向右移动一个字符
7	CTRL_H	删除光标左侧的一个字符
8	CTRL_K	在连接建立阶段终止呼出的连接
9	CTRL_N	显示历史命令缓冲区中的后一条命令
10	CTRL_P	显示历史命令缓冲区中的前一条命令
11	CTRL_R	重新显示当前行信息
12	CTRL_T	终止呼出的连接
13	CTRL_V	粘贴剪贴板的内容
14	CTRL_W	删除光标左侧的一个字符串（字）
15	CTRL_X	删除光标左侧所有的字符
16	CTRL_Y	删除光标右侧所有的字符
17	CTRL_Z	返回到用户视图

1.2.6　常用命令

1. sysname 命令

sysname：设置交换机名称，为了方便对交换机进行网络管理，配置交换机时，首先在命令行提示符下对交换机命名，命名后能够唯一地标识网络中的每台交换机，命令格式为 sysname SwitchA，其中，SwitchA 可以更换为其他字符。具体配置步骤如下。

```
< Huawei > system - view
Enter system view, return user view with Ctrl + Z.
[Huawei]sysname SwitchA   //设置交换机名称
[SwitchA]
```

2．display 命令

display history-command：显示历史命令。

display this：显示当前视图的运行配置信息，可以使用 display this 命令显示当前位置的设置信息。

display current-configuration：显示当前配置信息。

display interface：显示端口的相关信息。

display version：显示交换机系统版本信息。

display saved-configuration：显示起始配置信息。

例：显示当前视图配置信息。

```
[SwitchA]display this
#
sysname SwitchA
#
cluster enable
ntdp enable
ndp enable
#
drop illegal - mac alarm
#
return
```

3．quit 命令和 return 命令

quit：从当前视图退出到上级视图。

return：无论在何种视图下都直接退到用户视图。

4．undo 命令

undo：删除操作。取消已经配置的命令为 undo ABC，其中，ABC 为先前配置的命令。

5．save 命令

save：保存命令。

6．reboot 命令

reboot：重启命令。重新启动交换机或路由器之前一定要运行 save 命令进行保存，否则，之前配置好的信息会丢失。

7．reset 命令

reset saved-configuration：在用户视图下使用 reset saved-configuration 命令，可删除交换机当前配置文件中的用户信息，重新启动设备时请选择不保存当前配置文件。清除和重新配置的信息只能在设备重新启动后生效，当前配置不变。

1.2.7 设置交换机管理地址

二层交换机工作在 OSI 参考模型的数据链路层上，只有 MAC 地址，物理接口不能配置 IP 地址。为了方便管理，可以设置二层交换机的虚拟接口的 IP 地址，该接口的 IP 地址不属于交换机的任何端口。配置了虚拟接口的 IP 地址后，用户可以通过远程网络 Telnet 登录交换机,也可以通过 Web 方式进行登录。

在没有划分 VLAN 之前,通常交换机所有的以太网端口都属于 VLAN 1,VLAN 1 是厂家设置好的,不可删除。交换机管理地址配置,可以给 VLANIF 1 配置 IP 地址和子网掩码,具体配置步骤如下。

步骤 1　执行命令 system-view,进入系统视图。

步骤 2　执行命令 interface vlanif *vlan-id*,进入 VLANIF 接口界面视图。

步骤 3　执行命令 ip address *ip*-address{*netmask*｜*netmask-length*},设置 IP 与子网掩码,子网掩码 netmask 可以写成十进制数,或写成二进制位数。

例:配置交换机的管理地址 IP 为 192.168.0.1,子网掩码为 255.255.255.0,其命令如下。

```
[Huawei] interface Vlanif 1
[Huawei－Vlanif1]ip address 192.168.0.1 255.255.255.0
或
[Huawei] interface Vlanif 1
[Huawei－Vlanif1]ip address 192.168.0.1 24        //24 为子网掩码长度
```

1.2.8　Console 口登录配置

目前最常用的交换机登录配置是 Console 口登录和 Telnet 方式登录。Console 口登录主要用于交换机第一次上电或无法通过 Telnet 登录交换机的情况。Console 口登录具体配置步骤如下。

步骤 1　使用配置电缆将 PC 的 COM 口和交换机的 Console 口连接。

步骤 2　所有设备上电,自检正常。

步骤 3　在 PC 上运行终端仿真程序,设置终端通信参数。波特率设置为"9600 bit/s";数据位设置为"8";停止位设置为"1";奇偶位设置为"无";流控设置为"无"。

步骤 4　按"Enter"键,直到出现用户视图的命令行提示符,如< Huawei >;至此用户进入了用户视图配置环境。

1.2.9　Telnet 登录配置

如果已知待登录交换机的 IP 地址,用户可以通过 Telnet 方式登录到交换机上,进行本地或者远程配置。配置交换机,可以通过 Telnet"仅密码"方式远程登录或用"账号＋密码"方式登录。

1. "仅密码"方式登录

使用"仅密码"方式进行登录,具体配置步骤如下。

步骤 1　执行命令 system-view,进入系统视图。

步骤 2　执行命令 user-interface{*ui-number*｜vty *first-number*[*last-number*]},进入用户界面视图。

步骤 3　执行命令 authentication-mode password,设置认证方式为密码验证方式。

步骤 4　执行命令 set authentication password{cipher｜simple} *password*,设置密文密码或明文密码。

步骤5　执行命令 user privilege level *user-level*，配置登录用户的级别，在默认情况下，命令按0～3级进行注册：0级为参观级，主要是网络诊断工具命令（ping、tracert）、从当前设备出发访问外部设备的命令（Telnet 客户端）等；1级为监控级，用于系统维护，包括 display 等命令；2级为配置级，主要是业务配置命令，包括路由、各个网络层次的命令，向用户提供直接网络服务；3级为管理级，主要是用于系统基本运行的命令，包括文件系统、FTP、TFTP 下载和配置文件切换命令，用户管理命令，命令级别设置命令，系统内部参数设置命令，用于业务故障诊断的 debugging 命令等。如果用户需要实现权限的精细管理，可以将命令级别提升到0～15级。

例：配置 Telnet 远程登录方式为"密码验证"方式，明文密码为"sanjiang"，登录用户的级别为最高级别，其主要命令如下。

```
[SwitchA]user - interface vty 0 4              //进入用户界面视图

[SwitchA - ui - vty0 - 4]authentication - mode password    //设置认证方式为密码验证

[SwitchA - ui - vty0 - 4]set authentication password simple sanjiang   //设置登录验证的
password 为明文密码"sanjiang"

[SwitchA - ui - vty0 - 4]user privilege level 3            //配置登录用户的级别为最高级别3
```

2．"账号＋密码"方式登录

使用"账号＋密码"方式进行登录，认证方式为 AAA 认证，具体配置步骤如下。

步骤1　执行命令 system-view，进入系统视图。

步骤2　执行命令 user-interface{*ui-number*|vty *first-number*[*last-number*]}，进入用户界面视图。

步骤3　执行命令 authentication-mode aaa，进入 AAA 视图。

步骤4　执行命令 quit，退回到系统视图。

步骤5　执行命令 aaa，进入 AAA 视图。

步骤6　执行命令 local-user *user-name* password{simple|cipher} *password*，配置本地用户名及密码。

步骤7　执行命令 local-user *user-name* service-type telnet，配置用户的登录服务类型为 Telnet。

步骤8　执行命令 local-user *user-name* level *user-level*，配置用户的登录级别。

例：配置 Telnet 登录交换机，设置进行 AAA 授权验证方式，用户名为 sanjiang，密码为 sj123，用户登录级别为管理级3，其主要命令如下。

```
<Huawei>system - view

Enter system view, return user view with Ctrl + Z.

[Huawei]user - interface vty 0 4

[Huawei - ui - vty0 - 4]authentication - mode aaa

[Huawei - ui - vty0 - 4]quit

[Huawei]aaa           //进入 AAA 视图

[Huawei - aaa]local - user sanjiang password simple sj123

Info: Add a new user.

[Huawei - aaa]local - user sanjiang service - type telnet

[Huawei - aaa]local - user sanjiang level 3

[Huawei - aaa]
```

1.3　案例需求

本案例将对一台局域网交换机进行配置。为了保证局域网的安全,要求网络管理员能够创建交换机基本的配置,可以对交换机进行本地登录或通过 Telnet 进行远程访问。

1.4　拓扑设备

交换机配置如图 1-1 所示,设备配置地址如表 1-3 所示,本案例所选设备为两台 S3700 交换机、1 台 PC。图 1-1 中,LSW1 为需要配置的设备,LSW2 为模拟 Telnet 远程客户端设备。

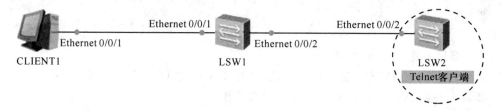

图 1-1　交换机基本配置

表 1-3　设备配置地址

设　备	接　口	IP 地址	子网掩码
LSW1	interface vlan 1	192.168.0.2	255.255.255.0
LSW2	interface vlan 1	192.168.0.10	255.255.255.0
CLIENT1	Ethernet 0/0/1	192.168.0.1	255.255.255.0

1.5　案例实施

创建基本交换机的配置如下。

1. 配置交换机 LSW1

(1) 键入 system-view 命令进入系统视图。双击交换机 LSW1,在< Huawei >提示符下输入 system-view 命令,进入系统视图模式。

```
< Huawei > system - view
Enter system view, return user view with Ctrl + Z.
[Huawei]
```

(2) 配置交换机的名称。进入系统视图,使用命令 hostname SwitchA 配置交换机名称,具体配置步骤如下。

```
[Huawei]sysname SwitchA
[SwitchA]
```

（3）配置交换机管理的 IP 地址。在交换机上将 VLANIF 1 的 IP 地址设置为 192.168.0.1，子网掩码为 255.255.255.0，具体配置步骤如下。

```
[SwitchA]interface Vlanif 1
[SwitchA - Vlanif1]ip address 192.168.0.1 255.255.255.0
[SwitchA - Vlanif1]quit
```

（4）配置 Telnet 远程访问密码。进入用户界面视图，设置认证方式为密码验证方式，设置登录验证的 password 为明文密码"sanjiang"，系统默认 VTY 登录方式用户级别为 0，将登录级别设置为 3 时才能进入系统视图，具体配置步骤如下。

```
[SwitchA]user - interface vty 0 4
[SwitchA - ui - vty0 - 4]authentication - mode password
[SwitchA - ui - vty0 - 4]set authentication password simple sanjiang
[SwitchA - ui - vty0 - 4]user privilege level 3
```

（5）保存配置。

```
< SwitchA > save
The current configuration will be written to the device.
Are you sure to continue? [Y/N]y
Now saving the current configuration to the slot 0.
Jul  5 2017 10:49:17 - 08:00 SwitchA %%01CFM/4/SAVE(l)[0]:The user chose Y when de
ciding whether to save the configuration to the device.
Save the configuration successfully.
< SwitchA >
```

2. 配置 Telnet 客户端

由于 Telnet 远程登录客户端使用了交换机 LSW2 作为模拟登录设备，需要配置它的管理地址，并且要在 VLANIF 1 虚拟端口下配置，VLANIF 1 的 IP 地址设置为 192.168.0.10。如果在其他虚拟端口下配置，要使用相关路由协议才可以使网络互通，本节只考虑同网段配置，不采用其他路由协议配置。具体配置步骤如下。

```
< Huawei > system - view
Enter system view, return user view with Ctrl + Z.
[Huawei] interface Vlanif 1
[Huawei - Vlanif1]ip address 192.168.0.10 255.255.255.0
[Huawei - Vlanif1]return
```

3. 实验测试

（1）检验本地网络连通性。

在本地计算机上运行命令提示符 ping LSW1 设备 IP 地址，能 ping 通，说明网络是互通的,可以从本地计算机访问交换机。双击 CLIENT1,在弹出窗口单击"命令行",输入 ping 192.168.0.1,运行结果如下。

```
PC>ping 192.168.0.1

Ping 192.168.0.1: 32 data bytes, Press Ctrl_C to break
From 192.168.0.1: bytes = 32 seq = 1 ttl = 255 time = 47 ms
From 192.168.0.1: bytes = 32 seq = 2 ttl = 255 time = 16 ms
From 192.168.0.1: bytes = 32 seq = 3 ttl = 255 time = 16 ms
From 192.168.0.1: bytes = 32 seq = 4 ttl = 255 time = 31 ms
From 192.168.0.1: bytes = 32 seq = 5 ttl = 255 time = 15 ms

--- 192.168.0.1 ping statistics ---
  5 packet(s) transmitted
  5 packet(s) received
  0.00 % packet loss
  round - trip min/avg/max = 15/25/47 ms
```

(2)在 LSW2 设备中测试网络互通性。在 Telnet 客户端设备用户视图下 ping LSW1 设备 IP 地址,能 ping 通,说明网络是互通的,接下来可以进行远程 Telnet 登录,测试结果如下。

```
<Huawei>ping 192.168.0.1
  PING 192.168.0.1: 56   data bytes, press CTRL_C to break
    Reply from 192.168.0.1: bytes = 56 Sequence = 1 ttl = 255 time = 10 ms
    Reply from 192.168.0.1: bytes = 56 Sequence = 2 ttl = 255 time = 50 ms
    Reply from 192.168.0.1: bytes = 56 Sequence = 3 ttl = 255 time = 50 ms
    Reply from 192.168.0.1: bytes = 56 Sequence = 4 ttl = 255 time = 50 ms
    Reply from 192.168.0.1: bytes = 56 Sequence = 5 ttl = 255 time = 50 ms

  --- 192.168.0.1 ping statistics ---
  5 packet(s) transmitted
  5 packet(s) received
  0.00 % packet loss
  round - trip min/avg/max = 10/42/50 ms
```

(3)Telnet 客户端远程登录

在 Telnet 客户端用户视图下进行远程登录,输入 password(密码)为"sanjiang"。

```
<Huawei>telnet 192.168.0.1
Trying 192.168.0.1 ...
Press CTRL + K to abort
Connected to 192.168.0.1 ...
```

```
Login authentication

Password：
Info：The max number of VTY users is 5, and the number
      of current VTY users on line is 1.
      The current login time is 2017－07－05 10：43：31.
<SwitchA>
```

1.6 常见问题与解决方法

1. 常见问题

（1）问题一

配置交换机管理地址时，提示"Error：The address already exists."，IP 地址冲突配置不成功。

（2）问题二

Telnet 客户端登录 Telnet 服务器时，提示"Error：The password is invalid."，密码错误不能成功登录。

2. 解决方法

（1）问题一的解决方法

检查局域网内是否有设备使用即将要配置的 IP，如果有 PC 使用了该地址，可以手动修改为其他地址；如果是被其他交换机的虚拟端口占用，可使用 undo ip address 命令在 VLAN 用户接口视图下删除现有的 IP 地址，命令如下。

```
[Huawei]interface Vlanif 1
[Huawei－Vlanif1]undo ip address
```

（2）问题二的解决方法

配置密码时，要注意区分大小写，在退出系统前，一定要对所配置的密码进行校验。

1.7 创 新 训 练

1.7.1 训练目的

熟悉交换机的各种命令视图，熟练掌握 sysname、display、undo、quit、save 等基本配置命令，学会使用帮助命令，记住常用的快捷键。

1.7.2 训练拓扑

拓扑结构如图 1-2 所示。

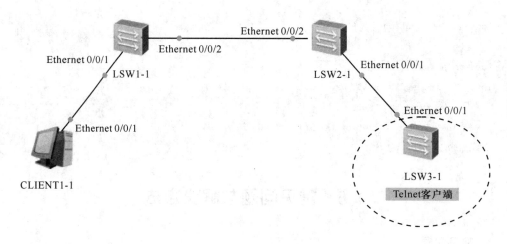

图 1-2　拓扑结构图

1.7.3　训练要求

1. 网络布线

根据拓扑结构图进行网络布线。

2. 实验编址

根据拓扑结构图设计网络设备的 IP 编址,填写表 1-4 所示地址表。

表 1-4　设备配置地址表

设　备	接　口	IP 地址	子网掩码
LSW1-1	VLANIF 1		
LSW2-1	VLANIF 1		
LSW3-1	VLANIF 1		
CLIENT1-1	Ethernet 0/0/1		

3. 主要步骤

分别使用"'仅密码'方式登录"和"'账号＋密码'方式登录"完成配置交换机。

(1) 配置交换机名 LSW1-1 为 SwitchA_1 和 LSW2-1 为 SwitchB_1。

(2) 配置交换机管理地址,对照表 1-3,分别配置 SwitchA_1 和 SwitchB_1 的管理 IP 地址。

(3) 配置交换机 SwitchA_1 的 Telnet 登录密码为 LSW1,VTY 登录方式用户级别为 0。

(4) 配置交换机 SwitchB_1 的 Telnet 登录密码为 LSW2,VTY 登录方式用户级别为 3。

(5) 配置 PC CLIENT1-1 的 IP 地址、子网掩码。

(6) 对交换机所做的配置进行保存,在客户端 Telnet 登录 SwitchA_1、SwitchB_1,看看它们登录后是否有区别。

实训 2　VLAN 的划分

2.1　实训背景

某企业的网络管理员对交换机进行配置,为了提高网络的安全性,该网络管理员对交换机进行了 VLAN 划分配置,实现不同用户之间的隔离。本实训将对交换机端口进行配置,交换机与终端设备相连就需要使用 Access 接口技术。通过该实训,可以了解 VLAN 划分的方法,学习 VLAN 原理与作用、Access 的原理、Access 接口类型的配置和验证所做配置信息的正确性。

2.2　技能知识

2.2.1　VLAN 技术基础

1. VLAN 的概念

VLAN(Virtual Local Area Network)技术即虚拟局域网技术,是将一个物理的局域网在逻辑上划分成多个广播域的数据交换技术。在 1996 年 3 月,IEEE 802.1 Internet Working 委员会结束了对 VLAN 初期标准的修订工作。新出台的标准进一步完善了 VLAN 的体系结构,统一了 Frame-Tagging 方式中不同厂商的标签格式,并制订了 VLAN 标准在未来一段时间内的发展方向,形成的 IEEE 802.1q 的标准在业界获得了广泛的推广。后来 IEEE 于 1999 年颁布了用于标准化 VLAN 实现方案的 IEEE 802.1q 协议标准草案。IEEE 802.1q 的出现打破了虚拟网依赖于单一厂商的僵局,从一个侧面推动了 VLAN 的迅速发展。

VLAN 的划分不受网络端口的实际物理位置的限制,有着和普通物理网络同样的属性。第二层的单播、广播、多播帧在一个 VLAN 内转发、扩散,而不会直接进入其他的 VLAN 中。在默认情况下,同一 VLAN 的端口所连接的设备是可以互相通信的,而不同 VLAN 的端口是不能通信的。

2. VLAN 的分类

(1) VLAN 的划分方式

- 基于端口的 VLAN:根据端口划分,配置简单,可以用于各种场景,是最简洁、最广泛使用的划分方式。
- 基于 MAC 的 VLAN:根据报文的源 MAC 地址划分,即根据终端设备的 MAC 来划分 VLAN,经常用在用户位置变化,不需要重新配置 VLAN 的场景。

- 基于 IP 子网的 VLAN:根据 IP 进行划分,即根据报文源 IP 及掩码来确定报文所属 VLAN,一般用于对同一网段的用户进行统一管理的场景。
- 基于协议的 VLAN:根据协议划分,即根据端口接收到的报文所属的协议类型及封装格式来给报文分配不同的 VLAN ID,适用于对具有相同应用或服务的用户,进行统一管理的场景。
- 基于策略的 VLAN:根据几种划分依据组合进行的划分,适用于对安全性要求比较高的场景。

(2) 接口类型

在 IEEE 802.1q 中定义 VLAN 帧后,设备的有些接口可以识别 VLAN 帧,有些接口则不能识别 VLAN 帧。根据对 VLAN 帧的识别情况,将接口分为 4 类。

- Access 接口:Access 接口是交换机上用来连接用户主机的接口,它只能连接接入链路。仅仅允许唯一的 VLAN ID 通过本接口,这个 VLAN ID 与接口的默认 VLAN ID 相同,Access 接口发往对端的以太网帧永远是不带标签的帧。
- Trunk 接口:Trunk 接口是交换机上用来和其他交换机连接的接口,它只能连接干道链路,允许多个 VLAN 的帧(带 Tag 标记)通过。
- Hybrid 接口:Hybrid 接口是交换机上既可连接用户主机,又可连接其他交换机的接口。Hybrid 接口既可以连接接入链路又可以连接干道链路。Hybrid 接口允许多个 VLAN 帧通过,并可以在出接口方向将某些 VLAN 帧的 Tag 剥掉。
- QinQ 接口:QinQ(802.1q-in-802.1q)接口是使用 QinQ 协议的接口。QinQ 接口可以给帧加上双重 Tag,即在原来 Tag 的基础上,给帧加上一个新的 Tag,从而可以支持较多的 VLAN,满足网络对 VLAN 数量的需求。

3. VLAN 技术的优点

VLAN 技术是将一个物理的 LAN 在逻辑上划分成多个广播域(多个 VLAN)的通信技术。每个 VLAN 都包含一组拥有相同需求的计算机,与物理上形成的 LAN 具有相同的属性。但是由于 VLAN 是在逻辑上划分而不是在物理上划分,同一个 VLAN 内的各个工作站无须放置在同一个物理空间。即使两台计算机有同样的网段,如果它们不属于同一个 VLAN,它们各自的广播帧不会互相转发,从而实现了控制流量、减少设备投资、简化网络管理、提高网络的安全性。VLAN 技术的优点如下。

- 限制广播域:广播域被限制在一个 VLAN 内,节省带宽,提高网络处理能力。
- 增强局域网的安全性:不同 VLAN 内的报文在传输时是相互隔离的,即一个 VLAN 内的用户不能和其他 VLAN 内的用户直接通信。
- 提高网络的稳健性:故障被限制在一个 VLAN 内,本 VLAN 内的故障不会影响其他 VLAN 的正常工作。
- 灵活构建虚拟工作组:用 VLAN 可以划分不同用户到不同的工作组,同一工作组的用户也不必局限于某一固定的物理范围,不受物理位置的限制,网络构建和维护更方便灵活。

2.2.2 创建 VLAN

VLAN 命令用来创建 VLAN 并进入 VLAN 视图,如果 VLAN 已存在,直接进入该

VLAN 的视图。在系统视图下运行 VLAN 命令,其命令格式如下。

```
vlan vlan - id      //指定 VLAN ID,整数形式,取值范围是 1～4 094。
```

如果需要删除 VLAN,其命令格式如下。

```
undo vlan vlan - id
```

例:创建一个 ID 为 100 的 VLAN,如果该 VLAN 已存在,则直接进入该 VLAN 视图。

```
< Huawei > system - view
Enter system view, return user view with Ctrl + Z.
[Huawei]vlan 100              //创建 VLAN
[Huawei - vlan100]quit
[Huawei]undo vlan 100         //删除 VLAN
[Huawei]
```

2.2.3　批量创建 VLAN

如果配置 VLAN 的数量较多,为了提高配置效率,可以使用 VLAN 的批量配置命令。在系统视图下运行 VLAN 的批量配置命令,其命令格式如下。

```
vlan batch{vlan - id1[to vlan - id2]}&<1 - 10 >      // vlan - id1 为指定批量创建的起始 VLAN
ID;vlan - id2 为指定批量创建的结束 VLAN ID,且值必须大于 vlan - id1;采用关键字 to 输入的区间必须没
有交叉,可以输入 1～10 次。
```

例:批量创建 ID 为 2、3 以及 10～15 的 VLAN。

```
< Huawei > system - view
Enter system view, return user view with Ctrl + Z.
[Huawei]vlan batch 2 3 10 to 15
[Huawei]
```

2.2.4　显示 VLAN

交换机端口划分、VLAN 创建完成后,可以在系统视图下用命令 display vlan 查看相关信息,验证配置结果。如果不指定任何参数,则该命令显示所有 VLAN 的简要信息。对上面批量创建的 VLAN 执行 display vlan 命令如下所示。

```
[Huawei]display vlan
The total number of vlans is : 9

U: Up;          D: Down;          TG: Tagged;          UT: Untagged;
MP: Vlan - mapping;               ST: Vlan - stacking;
#: ProtocolTransparent - vlan;   *: Management - vlan;


VID  Type   Ports
```

```
1    common   UT:GE0/0/1(D)    GE0/0/2(D)    GE0/0/3(D)    GE0/0/4(D)
                 GE0/0/5(D)    GE0/0/6(D)    GE0/0/7(D)    GE0/0/8(D)
                 GE0/0/9(D)    GE0/0/10(D)   GE0/0/11(D)   GE0/0/12(D)
                 GE0/0/13(D)   GE0/0/14(D)   GE0/0/15(D)   GE0/0/16(D)
                 GE0/0/17(D)   GE0/0/18(D)   GE0/0/19(D)   GE0/0/20(D)
                 GE0/0/21(D)   GE0/0/22(D)   GE0/0/23(D)   GE0/0/24(D)

2    common
3    common
10   common
11   common
12   common
13   common
14   common
15   common

VID  Status  Property      MAC-LRN Statistics Description
-----------------------------------------------------------------------

1    enable  default       enable  disable    VLAN 0001
2    enable  default       enable  disable    VLAN 0002
3    enable  default       enable  disable    VLAN 0003
10   enable  default       enable  disable    VLAN 0010
11   enable  default       enable  disable    VLAN 0011
12   enable  default       enable  disable    VLAN 0012
13   enable  default       enable  disable    VLAN 0013
14   enable  default       enable  disable    VLAN 0014
15   enable  default       enable  disable    VLAN 0015
[Huawei]
```

2.2.5　Access 接口报文处理

Access 接口报文处理方式如下。

① 接收不带 Tag 的报文:接收该报文,并打上默认的 VLAN ID。

② 接收带 Tag 的报文：VLAN ID 与默认 VLAN ID 相同时,接收该报文;不同时,丢弃该报文。

③ 发送帧处理过程：先剥离帧的 PVID Tag,然后再发送。

注:什么是默认的 VLAN ID? PVID,即 Port VLAN ID,表示端口在默认情况下所属的 VLAN,当一个数据帧进入交换机端口时,如果没有带 VLAN Tag,且该端口上配置了 PVID,那么该数据帧就会被标记上端口的 PVID。

2.2.6　基于 Access 接口和 Hybrid 接口划分 VLAN

基于端口划分 VLAN 是最简单、最有效的划分方式。基于端口划分的 VLAN 可处理 tagged 报文,也可处理 untagged 报文。当端口收到的报文为 untagged 报文时,在帧上打上标记默认 VLAN 形成 tagged 帧。通过 MAC 地址表,找到对应的出端口。当端口收到的报文为 tagged 报文时,如果端口允许携带该 VLAN ID 的报文通过,则正常转发;当端口收到的报文为 tagged 报文时,如果端口不允许携带该 VLAN ID 的报文通过,则丢弃该报文。本节主要介绍交换机 Access 接口配置,其他接口的配置将会在以后章节再进行介绍,其命令格式如下。

步骤 1　执行命令 system-view,进入系统视图。

步骤 2　执行命令 vlan *vlan-id*,创建 VLAN 并进入 VLAN 视图。如果 VLAN 已经创建,则直接进入 VLAN 视图。VLAN ID 的取值范围是 1～4 094。如果需要批量创建 VLAN,可以先使用命令 vlan batch{*vlan-id1*[to *vlan-id2*]}& < 1-10 >批量创建,再使用命令 vlan *vlan-id* 进入相应的 VLAN 视图。

步骤 3　执行命令 quit,返回系统视图。

步骤 4　执行命令 interface *interface-type interface-number*,进入需要加入 VLAN 的以太网接口视图。

步骤 5　执行命令 port link-type{access|hybrid},配置二层以太网端口属性。默认情况下,端口属性是 Hybrid。如果二层以太网端口直接与终端连接,该端口类型可以是 Access 类型,也可使用默认类型 Hybrid。

如果二层以太网端口与另一台交换机设备的端口连接,那么对此端口类型没有限制,可使用任意类型的端口。

步骤 6　关联端口和 VLAN 。执行命令 port default vlan *vlan-id*,将端口加入指定的 VLAN 中。

如果需要批量将端口加入 VLAN,可在 VLAN 视图下执行命令 port *interface-type*{*interface-number1*[to *interface-number2*]}& < 1-10 >向 VLAN 中添加一个或一组端口。

如果关联 Hybrid 类型端口,则执行下面操作。

选择执行其中一个步骤配置 Hybrid 端口加入 VLAN 的方式:

① 执行命令 port hybrid untagged vlan{{*vlan-id1*[to *vlan-id2*]}& < 1-10 >|all},将 Hybrid 端口以 Untagged 方式加入 VLAN。

Untagged 形式是指端口在发送帧时会将帧中的 Tag 剥掉,适用于二层以太网端口直接与终端连接。

② 执行命令 port hybrid tagged vlan{{*vlan-id1* [to *vlan-id2*]}& < 1-10 >|all},将 Hybrid 端口以 Tagged 方式加入 VLAN。

Tagged 形式是指端口在发送帧时不将帧中的 Tag 剥掉,适用于二层以太网端口与另一台交换机设备的端口连接。

在默认情况下,所有端口加入的 VLAN 和默认 VLAN 都是 VLAN1。

例:配置 Access 接口类型,将交换机 GigabitEthernet 0/0/1 端口配置为 Access 接口类型,加入 VLAN 100,具体配置如下。

```
< Huawei > system - view
Enter system view, return user view with Ctrl + Z.
[Huawei]vlan 100
[Huawei - vlan100]quit
[Huawei]interface GigabitEthernet 0/0/1
[Huawei - GigabitEthernet0/0/1]port link - type access//配置 access 接口类型
```

```
[Huawei-GigabitEthernet0/0/1]port default vlan 100//划分给 VLAN 100
[Huawei-GigabitEthernet0/0/1]
```

2.2.7　恢复 Access 接口的 VLAN 默认配置

所谓默认配置,就是在默认情况下所有端口都只加入 VLAN1。

要恢复 Access 接口的 VLAN 默认配置,可在其相应接口视图下执行如下命令。

```
undo port default vlan
undo port link-type
```

如果要在 Hybrid 接口恢复 VLAN 默认配置,要先删除端口下所有 VLAN,然后再把默认的 VLAN1 加入,具体命令如下。

```
undo port hybrid vlan all
port hybrid untagged vlan 1
```

2.3　案 例 需 求

在本案例中,有两个用户连接一台交换机,要求对一台局域网交换机进行划分 VLAN 和接口配置,从而实现用户之间的隔离。

实训目的:

- 理解 VLAN 的应用场景。
- 掌握 VLAN 的基本配置。
- 掌握 Access 接口的配置方法。
- 掌握 Access 接口加入相应 VLAN 的方法。

2.4　拓 扑 设 备

交换机配置拓扑如图 2-1 所示,设备配置地址如表 2-1 所示,本案例所选设备为 1 台 S5700 交换机、2 台 PC。图 2-1 中,LSW1 为交换机设备,PC1 为用户 1,PC2 为用户 2。

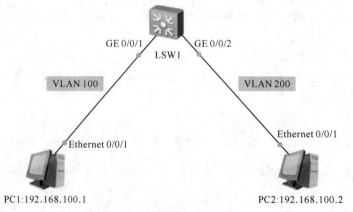

图 2-1　交换机端口隔离

表 2-1 设备配置地址

设 备	接 口	IP 地址	子网掩码
PC1	Ethernet0/0/1	192.168.100.1	255.255.255.0
PC2	Ethernet0/0/1	192.168.100.2	255.255.255.0
LSW1	GE0/0/1 和 GE0/0/2	×××	×××

2.5 案 例 实 施

VLAN 划分案例如下。

1. 配置用户设备

按照表 2-1 设置 PC1 和 PC2 的 IP 地址、子网掩码。验证 PC1 与 PC2 的连通性。在 PC1 命令行窗口运行 ping 192.168.100.2,结果显示:两台 PC 能够互相通信。

```
PC > ping 192.168.100.2

Ping 192.168.100.2: 32 data bytes, Press Ctrl_C to break
From 192.168.100.2: bytes = 32 seq = 1 ttl = 128 time = 47 ms
From 192.168.100.2: bytes = 32 seq = 2 ttl = 128 time = 31 ms
From 192.168.100.2: bytes = 32 seq = 3 ttl = 128 time = 32 ms
From 192.168.100.2: bytes = 32 seq = 4 ttl = 128 time = 47 ms
From 192.168.100.2: bytes = 32 seq = 5 ttl = 128 time = 47 ms

--- 192.168.100.2 ping statistics ---
  5 packet(s) transmitted
  5 packet(s) received
  0.00 % packet loss
  round - trip min/avg/max = 31/40/47 ms

PC >
```

2. 配置交换机

(1) 键入 system-view 命令进入系统视图。双击交换机 LSW1,在< Huawei >提示符下输入 system-view 命令,进入系统视图模式。

```
< Huawei > system - view
Enter system view, return user view with Ctrl + Z.
[Huawei]
```

(2) 配置交换机的名称。进入系统视图,使用命令 hostname SwitchA 配置交换机名称,具体步骤如下。

```
[Huawei]sysname SwitchA
[SwitchA]
```

（3）创建 VLAN 100 和 VLAN 200。

```
[SwitchA]vlan batch 100 200
```

（4）端口划分。将端口 GE0/0/1 和 GE0/0/2 设置为 Aceess 接口类型，并分别划分给 VLAN 100、VLAN 200，具体配置步骤如下。

```
[SwitchA]interface GigabitEthernet 0/0/1
[SwitchA - GigabitEthernet0/0/1]port link - type access
[SwitchA - GigabitEthernet0/0/1]port default vlan 100
[SwitchA - GigabitEthernet0/0/1]quit
[SwitchA]interface GigabitEthernet 0/0/2
[SwitchA - GigabitEthernet0/0/2]port link - type access
[SwitchA - GigabitEthernet0/0/2]port default vlan 200
[SwitchA - GigabitEthernet0/0/2]
```

3. 结果验证

查看 VLAN 划分，在系统视图执行命令如下。

```
[SwitchA]display vlan
The total number of vlans is : 3
---------------------------------------------------------------------------
U: Up;          D: Down;          TG: Tagged;          UT: Untagged;
MP: Vlan - mapping;               ST: Vlan - stacking;
#: ProtocolTransparent - vlan;    *: Management - vlan;
---------------------------------------------------------------------------


VID  Type    Ports
---------------------------------------------------------------------------
1    common  UT:GE0/0/3(D)     GE0/0/4(D)     GE0/0/5(D)     GE0/0/6(D)
             GE0/0/7(D)        GE0/0/8(D)     GE0/0/9(D)     GE0/0/10(D)
             GE0/0/11(D)       GE0/0/12(D)    GE0/0/13(D)    GE0/0/14(D)
             GE0/0/15(D)       GE0/0/16(D)    GE0/0/17(D)    GE0/0/18(D)
             GE0/0/19(D)       GE0/0/20(D)    GE0/0/21(D)    GE0/0/22(D)
             GE0/0/23(D)       GE0/0/24(D)

100  common  UT:GE0/0/1(U)

200  common  UT:GE0/0/2(U)


VID  Status  Property     MAC - LRN Statistics Description
---------------------------------------------------------------------------


1    enable  default      enable   disable    VLAN 0001
100  enable  default      enable   disable    VLAN 0100
200  enable  default      enable   disable    VLAN 0200
```

验证 PC1 与 PC2 互通。在 PC1 命令行窗口运行 ping 192.168.100.2,结果显示:PC1 不能 ping 通 PC2,用户隔离成功。

```
PC＞ping 192.168.100.2

Ping 192.168.100.2: 32 data bytes, Press Ctrl_C to break
From 192.168.100.1: Destination host unreachable
From 192.168.100.1: Destination host unreachable
From 192.168.100.1: Destination host unreachable
From 192.168.100.1: Destination host unreachable
From 192.168.100.1: Destination host unreachable

--- 192.168.100.2 ping statistics ---
  5 packet(s) transmitted
  0 packet(s) received
  100.00% packet loss

PC＞
```

2.6　常见问题与解决方法

1. 常见问题

(1) 问题一

在做交换机端口隔离之前,为什么 PC1 能够 ping 通 PC2?

(2) 问题二

什么是默认的 VLAN ID?

2. 解决方法

(1) 问题一的解决方法

因为在默认情况下,华为交换机的接口都默认加入 VLAN 1,两台 PC 直接和交换机相连,属于同一个网段,而且 PC1 和 PC2 所在的 IP 地址也属于同一子网,所以它们可以互通。

(2) 问题二的解决方法

默认的 VLAN ID,即端口默认虚拟局域网 ID(Port VLAN ID,PVID),表示端口在默认情况下所属的 VLAN,当一个数据帧进入交换机端口时,如果没有带 VLAN Tag,且该端口上配置了 PVID,那么该数据帧就会被标记上端口的 PVID。

2.7　创 新 训 练

2.7.1　训练目的

本训练要完成一个跨越多台交换机的 VLAN 内主机通信。要解决这个问题,需要将交换机之间的级联链路配置为 Access 接口类型或 Hybrid 接口类型。

2.7.2　训练拓扑

拓扑结构如图 2-2 所示。

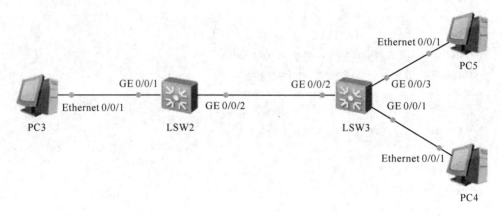

图 2-2　拓扑结构图

2.7.3　训练要求

1. 网络布线

根据拓扑结构图进行网络布线。

2. 实验编址

根据拓扑结构图设计网络设备的 IP 编址,填写表 2-2 所示地址表,根据需要填写,不需要的填写×。

表 2-2　设备配置地址表

设　备	接　口	IP 地址	子网掩码
PC1	Ethernet 0/0/1		
PC2	Ethernet 0/0/1		
PC3	Ethernet 0/0/1		
LSW2	GE0/0/1		
	GE0/0/2		
LSW3	GE0/0/1		
	GE0/0/2		
	GE0/0/3		

3. 主要步骤

对交换机级联口分别使用 Access 接口类型或 Hybrid 接口类型完成配置交换机。

(1) 搭建训练环境,配置 PC3~PC5 的 IP 地址、子网掩码,所有 PC 地址都在同网段。

(2) 在交换机 LSW2 上配置。

① 配置交换机名 LSW2 为 SwitchA_2。

② 在交换机 SwitchA_2 上创建 VLAN 100。

③ 将 SwitchA_2 的 GigabitEthernet 0/0/1 端口加入 VLAN 100、GigabitEthernet 0/0/2端口配置为 Access 端口加入 VLAN 100 或 Hybrid 端口。

④ 在交换机 SwitchA_2 上查看 VLAN 配置情况。

(3)在交换机 LSW3 上配置。

① 配置交换机名 LSW3 为 SwitchB_3 。

② 在交换机 SwitchB_3 上创建 VLAN 100、VLAN 200。

③ 将 SwitchB_3 的 GigabitEthernet 0/0/1 端口加入 VLAN 100,GigabitEthernet 0/0/3端口加入 VLAN 200,GigabitEthernet 0/0/2 端口配置为 Access 端口加入 VLAN 100 或 Hybrid 端口。

④ 在交换机 SwitchB_3 上查看 VLAN 配置情况。

(4）测试主机 PC3 与 PC4 之间的连通性。

(5）测试主机 PC3 与 PC5 之间的连通性。

实训3 跨交换机 VLAN 内的通信

3.1 实训背景

某公司财务部、技术部的用户主机通过两台交换机实现通信,要求财务部和技术部内部主机可以互通,但为了数据安全,技术部和财务部需要进行互相隔离,现要在交换机上做适当配置来实现这一目的。通过该实训,可以让学员掌握 Trunk 的原理与接口类型的配置。

3.2 技能知识

3.2.1 IEEE 802.1q

IEEE 802.1q 协议也就是"Virtual Bridged Local Area Networks"(虚拟桥接局域网,简称"虚拟局域网")协议,主要规定了 VLAN 的实现方法。IEEE 802.1q 是 VLAN 的正式标准,在传统的以太网数据帧基础上(源 MAC 地址字段和协议类型字段之间)增加了 4 个字节的 IEEE 802.1q Tag。其中,数据帧中的 VID(VLAN ID)字段用于标识该数据帧所属的VLAN,数据帧只能在所属 VLAN 内进行传输。IEEE 802.1q 协议为标识带有 VLAN 成员信息的以太帧建立了一种标准方法。IEEE 802.1q 标准定义了 VLAN 网桥操作,从而允许在桥接局域网结构中实现定义、运行以及管理 VLAN 拓扑结构等操作。

3.2.2 Trunk 概述

交换机与交换机之间相连的端口配置技术,是网络管理员经常会遇到的级联技术,交换机之间互连的端口通常称为 Trunk 端口。Trunk 技术用于交换机之间互连,使不同 VLAN通过共享链路与其他交换机中的相同 VLAN 通信。Trunk 是基于 OSI 第二层数据链路层(DataLink Layer)的技术。Trunk 类型的接口在交换机上用来和其他交换机连接的接口,它只能连接干道链路,在逻辑上把多条物理链路等同于一条逻辑链路,而又对上层数据透明传输,必须遵循:物理接口的物理参数必须一致和必须保证数据的有序性。

Trunk 不能实现不同 VLAN 间通信,不同 VLAN 间通信需要通过三层设备(路由/三层交换机)来实现。Trunk 的作用如下。

1. VLAN 在实际环境中的应用

在实际的企业环境中,不只是使用一台交换机,而是多台交换机共同工作。每台交换机都划分 VLAN,且这些 VLAN 可能在多个交换机上是重复的。

2.连接不同交换机的 VLAN

几个 VLAN 都连接一条物理的链路时,只需要用一条干道链路承载所有的 VLAN 通信。

3.链路的类型

(1)接入链路(Access Link):连接用户主机和交换机的链路称为接入链路,相应的接口称为接入接口或 Access 接口,是属于一个并且只属于一个 VLAN 的端口。

(2)干道链路(Trunk Link):连接交换机和交换机的链路称为干道链路,相应的接口称为干道接口或 Trunk 接口,是属于多个 VLAN 接口。

3.2.3　Trunk 接口报文处理

Trunk 接口类型报文处理方式如下。

- 接收不带 Tag 的报文:首先打上默认的 VLAN ID。当默认 VLAN ID 在允许通过的 VLAN ID 列表里时,接收该报文。当默认 VLAN ID 不在允许通过的 VLAN ID 列表里时,丢弃该报文。
- 接收带 Tag 的报文:当 VLAN ID 在接口允许通过的 VLAN ID 列表里时,接收该报文。当 VLAN ID 不在接口允许通过的 VLAN ID 列表里时,丢弃该报文。
- 发送帧处理过程:当 VLAN ID 与默认 VLAN ID 相同,且是该接口允许通过的 VLAN ID 时,去掉 Tag,发送该报文。当 VLAN ID 与默认 VLAN ID 不同,且是该接口允许通过的 VLAN ID 时,保持原有 Tag,发送该报文。

3.2.4　基于 Trunk 接口划分 VLAN

根据端口划分是目前定义 VLAN 最常用的方法,IEEE 802.1q 协议规定了如何根据交换机的端口来划分 VLAN。本节主要介绍交换机 Trunk 接口类型配置,其命令格式如下。

步骤 1　执行命令 system-view,进入系统视图。

步骤 2　执行命令 vlan *vlan-id*,创建 VLAN 并进入 VLAN 视图。如果 VLAN 已经创建,则直接进入 VLAN 视图。

VLAN ID 的取值范围是 1~4 094。如果需要批量创建 VLAN,可以先使用命令 vlan batch{*vlan-id1*[to *vlan-id2*]}& < 1-10 >批量创建,再使用命令 vlan *vlan-id* 进入相应的 VLAN 视图。

步骤 3　执行命令 quit,返回系统视图。

步骤 4　执行命令 interface *interface-type interface-number*,进入需要加入 VLAN 的以太网接口视图。

步骤 5　执行命令 port link-type trunk,配置二层以太网端口属性。

如果二层以太网端口与另一台交换机设备的端口连接,不一定要使用 Trunk 接口类型,可使用任意类型的端口。

步骤 6　关联端口和 VLAN 。执行命令 port trunk allow-pass vlan{{*vlan-id1*[to *vlan-id2*]}& < 1-10 >|all},将端口加入指定的 VLAN 中。

例:配置 Trunk 接口类型,将交换机 GigabitEthernet 0/0/24 端口配置为 Trunk 接口类型,具体配置如下。

```
<Huawei>system-view
Enter system view, return user view with Ctrl+Z.
[Huawei]interface GigabitEthernet 0/0/24
[Huawei-GigabitEthernet0/0/24]port link-type trunk     //配置 Trunk 接口类型
[Huawei-GigabitEthernet0/0/24]port trunk allow-pass vlan all
[Huawei-GigabitEthernet0/0/24]
```

3.2.5　Trunk 接口恢复 VLAN 默认配置

所谓默认配置,就是在默认情况下所有端口都是只加入 VLAN1 的。如果 Trunk 接口恢复 VLAN 默认配置,要先删除端口下所有的 VLAN,再把默认的 VLAN1 加入,然后再删除接口类型配置。Trunk 接口恢复 VLAN 默认配置在其相应接口视图下执行命令。

```
undo port trunk allow-pass vlan all
port trunk allow-pass vlan 1
undo port link-type
```

例:交换机已经配置好的端口 GigabitEthernet0/0/24 为 Trunk 接口类型,现在要把它恢复为默认状态,具体配置如下。

```
[Huawei] interface GigabitEthernet0/0/24
[Huawei-GigabitEthernet0/0/24]display this
#
interface GigabitEthernet0/0/24
 port link-type trunk
 port trunk allow-pass vlan 2 to 4094
#
return
[Huawei-GigabitEthernet0/0/24]undo port trunk allow-pass vlan all
[Huawei-GigabitEthernet0/0/24]port trunk allow-pass vlan 1
[Huawei-GigabitEthernet0/0/24]undo port link-type
[Huawei-GigabitEthernet0/0/24]display this
#
interface GigabitEthernet0/0/24
#
return
[Huawei-GigabitEthernet0/0/24]
```

3.3　案例需求

在本案例中,有 4 个用户连接 2 台交换机,要求使用 Trunk 接口类型技术,使同一 VLAN 内用户之间能够跨交换机通信。

实训目的：
- 理解干道链路的应用场景。
- 掌握 Trunk 端口的配置。
- 掌握 Trunk 端口允许所有 VLAN 通过的配置方法。
- 掌握 Trunk 端口允许特定 VLAN 通过的配置方法。

3.4　拓扑设备

交换机配置拓扑结构如图 3-1 所示,设备配置地址如表 3-1 所示,本案例所选设备为
2 台 S5700 交换机、4 台 PC。图 3-1 中,LSW1、LSW2 为交换机,PC1～PC4 为终端用户。

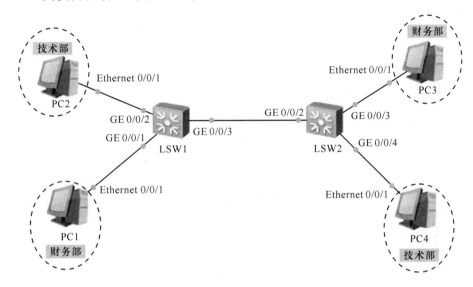

图 3-1　VLAN 内通信拓扑结构图

表 3-1　设备配置地址

设 备	接 口	IP 地址	子网掩码
PC1	Ethernet0/0/1	192.168.100.1	255.255.255.0
PC2	Ethernet0/0/1	192.168.200.1	255.255.255.0
PC3	Ethernet0/0/1	192.168.100.2	255.255.255.0
PC4	Ethernet0/0/1	192.168.200.2	255.255.255.0
LSW1	GE0/0/1、GE0/0/2、GE0/0/3	××××	××××
LSW2	GE0/0/2、GE0/0/3、GE0/0/4	××××	××××

3.5　案例实施

跨交换机 VLAN 内通信案例如下。

1. 配置用户设备

配置拓扑环境,按照表 3-1 设置 PC1～PC4 的 IP 地址、子网掩码。

2. 配置交换机 LSW1

(1) 进入系统视图,配置交换机的名称。

```
< Huawei > system - view
Enter system view, return user view with Ctrl + Z.
[Huawei]sysname SwitchA
[SwitchA]
```

(2) 创建 VLAN 100 为财务部所在的虚拟局域网;创建 VLAN 200 为技术部所在的虚拟局域网。

```
[SwitchA]vlan batch 100 200
```

(3) 将端口 GE0/0/1 和 GE0/0/2 设置为 Aceess 接口类型,并分别划分给 VLAN 100、VLAN 200,具体配置步骤如下。

```
[SwitchA]interface GigabitEthernet 0/0/1
[SwitchA - GigabitEthernet0/0/1]port link - type access
[SwitchA - GigabitEthernet0/0/1]port default vlan 100
[SwitchA - GigabitEthernet0/0/1]quit
[SwitchA]interface GigabitEthernet 0/0/2
[SwitchA - GigabitEthernet0/0/2]port link - type access
[SwitchA - GigabitEthernet0/0/2]port default vlan 200
[SwitchA - GigabitEthernet0/0/2]
```

(4) 配置 Trunk 接口。将端口 GE0/0/3 设置为 Trunk 接口类型,可以转发 VLAN 100 和 VLAN 200 的报文。

```
[SwitchA - GigabitEthernet0/0/3]port link - type trunk
[SwitchA - GigabitEthernet0/0/3]port trunk allow - pass vlan 100 200
```

(5) 验证显示 VLAN。

```
[SwitchA]display vlan
The total number of vlans is : 3
--------------------------------------------------------------
U: Up;          D: Down;          TG: Tagged;          UT: Untagged;
MP: Vlan - mapping;          ST: Vlan - stacking;
#: ProtocolTransparent - vlan;     *: Management - vlan;
--------------------------------------------------------------


VID  Type    Ports
--------------------------------------------------------------
```

```
1     common   UT:GE0/0/3(U)    GE0/0/4(D)    GE0/0/5(D)    GE0/0/6(D)
               GE0/0/7(D)       GE0/0/8(D)    GE0/0/9(D)    GE0/0/10(D)

               GE0/0/11(D)      GE0/0/12(D)   GE0/0/13(D)   GE0/0/14(D)
               GE0/0/15(D)      GE0/0/16(D)   GE0/0/17(D)   GE0/0/18(D)
               GE0/0/19(D)      GE0/0/20(D)   GE0/0/21(D)   GE0/0/22(D)
               GE0/0/23(D)      GE0/0/24(D)

100   common   UT:GE0/0/1(U)

               TG:GE0/0/3(U)

200   common   UT:GE0/0/2(U)

               TG:GE0/0/3(U)


VID  Status  Property     MAC-LRN Statistics Description

1    enable  default      enable  disable    VLAN 0001
100  enable  default      enable  disable    VLAN 0100
200  enable  default      enable  disable    VLAN 0200
[SwitchA]
```

3. 配置交换机 LSW2

（1）进入系统视图，配置交换机的名称。

```
< Huawei > system - view
Enter system view, return user view with Ctrl + Z.
[Huawei]sysname SwitchB
[SwitchB]
```

（2）创建 VLAN 100，为财务部所在的虚拟局域网；创建 VLAN 200，为技术部所在的虚拟局域网。

```
[SwitchB]vlan batch 100 200
```

（3）将端口 GE0/0/3 和 GE0/0/4 设置为 Aceess 接口类型，并分别划分给 VLAN 100、VLAN 200，具体配置步骤如下。

```
[SwitchB]interface GigabitEthernet 0/0/3
[SwitchB - GigabitEthernet0/0/3]port link - type access
[SwitchB - GigabitEthernet0/0/3]port default vlan 100
[SwitchB - GigabitEthernet0/0/3]quit
[SwitchB]interface GigabitEthernet 0/0/4
```

```
[SwitchB - GigabitEthernet0/0/4]port link - type access
[SwitchB - GigabitEthernet0/0/4]port default vlan 200
[SwitchB - GigabitEthernet0/0/4]
```

（4）配置 Trunk 接口。将端口 GE0/0/2 设置为 Trunk 接口类型，可以转发 VLAN 100 和 VLAN 200 的报文。

```
[SwitchA - GigabitEthernet0/0/2]port link - type trunk
[SwitchA - GigabitEthernet0/0/2]port trunk allow - pass vlan all
```

（5）验证显示 VLAN。

```
[SwitchB]display vlan
The total number of vlans is : 3
_____
U: Up;           D: Down;           TG: Tagged;           UT: Untagged;
MP: Vlan - mapping;                 ST: Vlan - stacking;
# : ProtocolTransparent - vlan;     * : Management - vlan;
_____


VID  Type    Ports
_____
1    common  UT:GE0/0/1(D)    GE0/0/2(U)     GE0/0/5(D)     GE0/0/6(D)
             GE0/0/7(D)       GE0/0/8(D)     GE0/0/9(D)     GE0/0/10(D)
             GE0/0/11(D)      GE0/0/12(D)    GE0/0/13(D)    GE0/0/14(D)
             GE0/0/15(D)      GE0/0/16(D)    GE0/0/17(D)    GE0/0/18(D)
             GE0/0/19(D)      GE0/0/20(D)    GE0/0/21(D)    GE0/0/22(D)
             GE0/0/23(D)      GE0/0/24(D)

100  common  UT:GE0/0/3(U)

             TG:GE0/0/2(U)

200  common  UT:GE0/0/4(U)

             TG:GE0/0/2(U)

VID  Status  Property     MAC - LRN Statistics Description
_____
1    enable  default      enable   disable    VLAN 0001
100  enable  default      enable   disable    VLAN 0100
200  enable  default      enable   disable    VLAN 0200
[SwitchB]
```

4. 结果验证

验证 PC1 与 PC3、PC2 与 PC4 跨交换机网络互通性,在 PC1、PC2 命令行窗口运行 ping 命令,结果如图 3-2、图 3-3 所示,在跨交换机的 VLAN 内通信,PC1 ping 通 PC3,PC2 ping 通 PC4。

```
PC > ping 192.168.100.2

Ping 192.168.100.2: 32 data bytes, Press Ctrl_C to break
From 192.168.100.2: bytes = 32 seq = 1 ttl = 128 time = 62 ms
From 192.168.100.2: bytes = 32 seq = 2 ttl = 128 time = 47 ms
From 192.168.100.2: bytes = 32 seq = 3 ttl = 128 time = 47 ms
From 192.168.100.2: bytes = 32 seq = 4 ttl = 128 time = 94 ms
From 192.168.100.2: bytes = 32 seq = 5 ttl = 128 time = 78 ms


--- 192.168.100.2 ping statistics ---
  5 packet(s) transmitted
  5 packet(s) received
  0.00 % packet loss
  round - trip min/avg/max = 47/65/94 ms
```

结果显示:PC1 与 PC3 在跨交换机的同一 VLAN 内可以相互通信。

```
PC > ping 192.168.200.2

Ping 192.168.200.2: 32 data bytes, Press Ctrl_C to break
From 192.168.200.2: bytes = 32 seq = 1 ttl = 128 time = 47 ms
From 192.168.200.2: bytes = 32 seq = 2 ttl = 128 time = 63 ms
From 192.168.200.2: bytes = 32 seq = 3 ttl = 128 time = 62 ms
From 192.168.200.2: bytes = 32 seq = 4 ttl = 128 time = 93 ms
From 192.168.200.2: bytes = 32 seq = 5 ttl = 128 time = 78 ms


--- 192.168.200.2 ping statistics ---
  5 packet(s) transmitted
  5 packet(s) received
  0.00 % packet loss
  round - trip min/avg/max = 47/68/93 ms
```

结果显示:PC2 与 PC4 在跨交换机的同一 VLAN 内可以相互通信。

3.6　常见问题与解决方法

1. 常见问题

(1)问题一

两台交换机相连的端口配置了 Trunk 接口类型,在跨交换机的不同 VLAN 之间是否能够通信？

（2）问题二

如果一个 Trunk 接口 PVID 是 10，且在其端口下配置有 port trunk allow-pass vlan 5 8，那么哪些 VLAN 的流量可以通过该 Trunk 接口进行传输？

2. 解决方法

（1）问题一的解决方法

两台交换机相连的端口配置了 Trunk 接口类型，在跨交换机的不同 VLAN 之间不能够通信。Trunk 接口类型只转发二层 VLAN 数据帧，如果想要在不同 VLAN 之间相互通信，可以使用三层路由设备。

（2）问题二的解决方法

执行了 port trunk allow-pass vlan 5 8 命令后，VLAN 10 的数据帧不能经过此端口进行传输。VLAN 1 的数据默认也可以通过 Trunk 接口进行传输。所以 VLAN 1、VLAN 5 和 VLAN 8 的数据帧可以经过该 Trunk 接口进行传输。

3.7　创 新 训 练

3.7.1　训练目的

本训练要完成一个跨越多台交换机的 VLAN 内主机通信。要解决这个问题，需要将交换机之间的级联链路配置为 Trunk 接口类型。

3.7.2　训练拓扑

拓扑结构如图 3-2 所示。

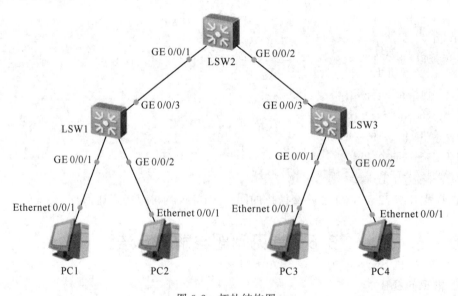

图 3-2　拓扑结构图

3.7.3 训练要求

1. 网络布线

根据拓扑结构图进行网络布线。

2. 实验编址

根据拓扑结构图设计网络设备的IP编址,填写表3-2所示地址表,根据需要填写,不需要的填写×。

表3-2 设备配置地址表

设 备	接 口	IP 地址	子网掩码
PC1	Ethernet 0/0/1		
PC2	Ethernet 0/0/1		
PC3	Ethernet 0/0/1		
PC4	Ethernet 0/0/1		
LSW1	GE0/0/1		
	GE0/0/2		
	GE0/0/3		
LSW2	GE0/0/1		
	GE0/0/2		
LSW3	GE0/0/1		
	GE0/0/2		
	GE0/0/3		

3. 主要步骤

对交换机级联口分别使用 Trunk 接口类型完成配置交换机。

(1)搭建训练环境,配置 PC1~PC4 的 IP 地址、子网掩码,所有 PC 地址都在同网段。

(2)在交换机 LSW1 上配置。

① 配置交换机名 LSW1 为 SwitchA_1。

② 在交换机 SwitchA_1 上创建 VLAN 100、VLAN 200。

③ 将 SwitchA_1 的 GigabitEthernet 0/0/1 端口配置为 Access 接口类型,加入 VLAN 100;将 GigabitEthernet 0/0/2 端口配置为 Access 接口类型,加入 VLAN 200;将 GigabitEthernet 0/0/3 端口配置为 Trunk 接口类型。

④ 在交换机 SwitchA_1 上查看 VLAN 配置情况。

(3)在交换机 LSW2 上配置。

① 配置交换机名 LSW2 为 SwitchB_1。

② 在交换机 SwitchB_1 上创建 VLAN 100、VLAN 200。

③ 将 SwitchB_1 的 GigabitEthernet 0/0/1、GigabitEthernet 0/0/2 端口配置为 Trunk 接口类型。

④ 在交换机 SwitchB_1 上查看 VLAN 配置情况。

（4）在交换机 LSW3 上配置。

① 配置交换机名 LSW3 为 SwitchC_1。

② 在交换机 SwitchC_1 上创建 VLAN 100、VLAN 200。

③ 将 SwitchC_1 的 GigabitEthernet 0/0/1 端口配置为 Access 接口类型，加入 VLAN 100；将 GigabitEthernet 0/0/2 端口配置为 Access 接口类型，加入 VLAN 200；将 GigabitEthernet 0/0/3端口配置为 Trunk 接口类型。

④ 在交换机 SwitchA_1 上查看 VLAN 配置情况。

（5）测试主机 PC1 与 PC3 之间的通信。

（6）测试主机 PC2 与 PC4 之间的通信。

实训 4　二层 VLAN 间的通信

4.1　实训背景

　　某公司由于网络环境特殊,在没有三层路由设备的情况下,需要在二层 VLAN 之间实现不同网段之间的相互通信与隔离。在该网络环境下,要实现二层 VLAN 互通,需要网络管理员采用非对称 VLAN、MUX VLAN 等方法。通过该节实训,可以掌握 Hybrid 的原理与接口类型的配置以及 MUX VLAN 的配置。

　　背景一:某公司有两个部门——技术部和市场部。要求技术部和市场部之间不能互相访问,但都可以访问公司服务器。为了能够实现这两个部门之间隔离,且这两个部门都能与公司服务器进行二层通信,公司网络规划采取了非对称 VLAN 的端口隔离、通信。

　　背景二:某小型公司园区内部有两个网络区域——办公区和宿舍区。办公区的员工之间可以互相访问,职工宿舍区的住户之间不能互访,同时这两个区域内所有用户都可以访问公司园区服务器。对交换机进行适当配置,采用 MUX VLAN 技术将公司园区服务器所在的网络加入主 VLAN,办公区网络加入互通型从 VLAN,宿舍区网络加入隔离型从 VLAN。

4.2　技 能 知 识

4.2.1　Hybrid 概述

　　Hybrid 端口既可以连接主机,又可以连接交换机。Hybrid 端口既可以连接接入链路,又可以连接干道链路。Hybrid 端口允许多个 VLAN 帧通过,并可以在出端口方向将某些 VLAN 帧的 Tag 剥掉。华为设备默认的端口类型是 Hybrid。

　　通过配置 Hybrid 接口,能够实现对 VLAN 标签的灵活控制,既能够实现 Access 接口的功能,又能够实现 Trunk 接口的功能。

4.2.2　Hybrid 接口报文处理

　　Hybrid 接口报文处理方式如下。

- 接收不带 Tag 的报文:首先打上默认的 VLAN ID。当默认 VLAN ID 在允许通过的 VLAN ID 列表里时,接收该报文。当默认 VLAN ID 不在允许通过的 VLAN ID 列表里时,丢弃该报文。
- 接收带 Tag 的报文:当 VLAN ID 在接口允许通过的 VLAN ID 列表里时,接收该报文。当 VLAN ID 不在接口允许通过的 VLAN ID 列表里时,丢弃该报文。

- 发送数据帧处理过程：当 VLAN ID 是该接口允许通过的 VLAN ID 时，发送该报文。可以通过命令设置发送时是否携带 Tag。

4.2.3 Hybrid 接口配置

交换机 Hybrid 接口配置命令格式如下。

步骤 1 执行命令 system-view，进入系统视图。

步骤 2 执行命令 vlan *vlan-id*，创建 VLAN 并进入 VLAN 视图。如果 VLAN 已经创建，则直接进入 VLAN 视图。

VLAN ID 的取值范围是 1~4 094。如果需要批量创建 VLAN，可以先使用命令 vlan batch { *vlan-id1* [to *vlan-id2*] } & < 1-10 > 批量创建，再使用命令 vlan *vlan-id* 进入相应的 VLAN 视图。

步骤 3 执行命令 quit，返回系统视图。

步骤 4 执行命令 interface *interface-type interface-number*，进入需要加入 VLAN 的以太网接口视图。

步骤 5 执行命令 port link-type hybrid，配置二层以太网端口属性。在默认情况下，端口属性是 Hybrid。

步骤 6 关联 Hybrid 类型端口和 VLAN，则执行下面的操作。

选择执行其中一个步骤配置 Hybrid 端口加入 VLAN 的方式：

① 执行命令 port hybrid untagged vlan { { *vlan-id1* [to *vlan-id2*] } & < 1-10 > | all }，将 Hybrid 端口以 Untagged 方式加入 VLAN。

Untagged 形式是指端口在发送帧时会将帧中的 Tag 剥掉，适用于二层以太网端口直接与终端连接。

② 执行命令 port hybrid tagged vlan { { *vlan-id1* [to *vlan-id2*] } & < 1-10 > | all }，将 Hybrid 端口以 Tagged 方式加入 VLAN。

Tagged 形式是指端口在发送帧时不将帧中的 Tag 剥掉，适用于二层以太网端口与另一台交换机设备的端口连接。

在默认情况下，所有端口加入的 VLAN 和默认 VLAN 都是 VLAN 1。

例：配置 Hybrid 接口类型。在交换机上创建 VLAN 100，将交换机 GigabitEthernet 0/0/1端口配置为 Hybrid 接口类型连接接入链路，将交换机 GigabitEthernet 0/0/2 端口配置为 Hybrid 接口类型连接干道链路，具体配置如下。

```
< Huawei > system - view
Enter system view, return user view with Ctrl + Z.
[Huawei]vlan 100                                              //创建 VLAN 100
[Huawei - vlan100]quit                                       //退出
[Huawei]interface GigabitEthernet 0/0/1                      //进入接口视图
[Huawei - GigabitEthernet0/0/1]port hybrid untagged vlan 100 //配置 VLAN 100 的数据帧在通过
                                                              该端口时不携带标签
[Huawei - GigabitEthernet0/0/1]quit
[Huawei]interface GigabitEthernet 0/0/2
```

```
[Huawei - GigabitEthernet0/0/2]port link - type hybrid        //配置为 Hybrid 端口类型
[Huawei - GigabitEthernet0/0/2]port hybrid tagged vlan 100    //配置 VLAN 100 的数据帧在通过该
                                                                端口时携带标签

[Huawei - GigabitEthernet0/0/2]
```

配置验证：

```
< Huawei > display vlan
The total number of vlans is : 2
────────────────────────────────────────────────────────────────────────
U: Up;           D: Down;          TG: Tagged;          UT: Untagged;
MP: Vlan - mapping;                ST: Vlan - stacking;
#: ProtocolTransparent - vlan;     *: Management - vlan;
────────────────────────────────────────────────────────────────────────


VID  Type    Ports
────────────────────────────────────────────────────────────────────────
1    common  UT:GE0/0/1(D)     GE0/0/2(D)      GE0/0/3(D)      GE0/0/4(D)
             GE0/0/5(D)        GE0/0/6(D)      GE0/0/7(D)      GE0/0/8(D)
             GE0/0/9(D)        GE0/0/10(D)     GE0/0/11(D)     GE0/0/12(D)
             GE0/0/13(D)       GE0/0/14(D)     GE0/0/15(D)     GE0/0/16(D)
             GE0/0/17(D)       GE0/0/18(D)     GE0/0/19(D)     GE0/0/20(D)
             GE0/0/21(D)       GE0/0/22(D)     GE0/0/23(D)     GE0/0/24(D)

100  common  UT:GE0/0/1(D)        //UT 表明该端口发送数据帧时,会剥离 VLAN 标签,即此端口是
一个 Access 端口或不带标签的 Hybrid 端口

             TG:GE0/0/2(D)        //TG 表明该端口在转发对应 VLAN 的数据帧时,不会剥离标签,
直接进行转发,该端口可以是 Trunk 端口或带标签的 Hybrid 端口。


VID  Status  Property     MAC - LRN Statistics Description
────────────────────────────────────────────────────────────────────────


1    enable  default      enable   disable     VLAN 0001
100  enable  default      enable   disable     VLAN 0100
< Huawei >
```

4.2.4 Hybrid 接口恢复 VLAN 默认配置

如果 Hybrid 接口恢复 VLAN 默认配置,要先删除端口下所有 VLAN,然后再把默认的 VLAN 1 加入。

二层以太网端口直接与终端连接,在 Hybrid 端口以 untagged 方式加入的 VLAN,在相应的接口视图下执行如下命令。

```
undo port hybrid pvid vlan
undo port hybrid untagged vlan all
port hybrid untagged vlan 1
```

二层以太网端口与另一台交换机端口连接,Hybrid 端口以 Tagged 方式加入的 VLAN,在相应的接口视图下执行如下命令。

```
undo port hybrid vlan all
port hybrid untagged vlan 1
```

例:交换机已经配置好的端口 GigabitEthernet0/0/1 和 GigabitEthernet0/0/2 为 Hybrid 接口类型,GigabitEthernet0/0/1 端口用于连接终端设备,GigabitEthernet0/0/2 端口用于接入干道链路,现在要把它们恢复为默认状态,具体配置如下。

```
[Huawei-GigabitEthernet0/0/1]undo port hybrid pvid vlan
[Huawei-GigabitEthernet0/0/1]undo port hybrid untagged vlan all
[Huawei-GigabitEthernet0/0/1]port hybrid untagged vlan 1
[Huawei-GigabitEthernet0/0/1]interface GigabitEthernet 0/0/2
[Huawei-GigabitEthernet0/0/2]undo port hybrid vlan all
[Huawei-GigabitEthernet0/0/2]port hybrid untagged vlan 1
```

4.2.5 MUX VLAN 简介

MUX VLAN(Multiplex VLAN)提供了一种通过 VLAN 进行网络资源控制的机制。例如,在企业网络中,企业办公区和职工宿舍区可以访问企业的服务器。对于企业来说,希望企业办公区内部员工之间可以互相交流,而企业职工宿舍区之间是隔离的,不能够互相访问。为了实现所有用户都可访问企业服务器,可通过配置 VLAN 间通信实现。如果企业规模很大,拥有大量的用户,那么就要为不能互相访问的用户都分配 VLAN,这不但需要耗费大量的 VLAN ID,还增加了网络管理者的工作量,同时也增加了维护量。通过 MUX VLAN 提供的二层流量隔离的机制可以实现企业内部员工之间互相交流,而企业宿舍区之间是隔离的。

MUX VLAN 分为 Principal VLAN 和 Subordinate VLAN,Subordinate VLAN 又分为 Separate VLAN 和 Group VLAN,如表 4-1 所示。

表 4-1 MUX VLAN 划分表

MUX VLAN	VLAN 类型	所属接口	通信权限
Principal VLAN（主 VLAN）	—	Principal Port	Principal Port 可以和 MUX VLAN 内的所有接口进行通信
Subordinate VLAN（从 VLAN）	Separate VLAN（隔离型）	Separate Port	Separate Port 只能和 Principal Port 进行通信,和其他类型的接口实现完全隔离。每个 Separate VLAN 必须绑定一个 Principal VLAN
	Group VLAN（互通型）	Group Port	Group Port 可以和 Principal Port 进行通信,在同一组内的接口也可互相通信,但不能和其他组接口或 Separate Port 通信。每个 Group VLAN 必须绑定一个 Principal VLAN

4.2.6　MUX VLAN 配置

配置 MUX VLAN 中主从型 VLAN,其命令格式如下。

步骤 1　执行命令 system-view,进入系统视图。

步骤 2　执行命令 vlan batch *vlan-id1 vlan-id2 vlan-id3*,创建主从 VLAN。

步骤 3　执行命令 vlan *vlan-id1*,进入 VLAN 视图。

步骤 4　执行命令 mux-vlan,配置主 VLAN。

步骤 5　执行命令 subordinate group *vlan-id2*,配置 vlan-id2 为互通型从 VLAN。

步骤 6　执行命令 subordinate separate *vlan-id3*,配置 vlan-id3 为隔离型从 VLAN。

步骤 7　执行命令 quit,退出 VLAN 视图。

步骤 8　执行命令 interface *interface-type interface-number*,进入需要加入 VLAN 的以太网接口视图。

步骤 9　执行命令 port link-type access,配置端口类型为 Access。

步骤 10　执行命令 port default vlan {*vlan-id1 | vlan-id2 | vlan-id3*},将端口加入 VLAN。

步骤 11　执行命令 port mux-vlan enable,开启接口的 MUX VLAN 功能。

步骤 12　反复执行步骤 8~11,直到主从型端口划分完成为止。

4.3　案例需求

案例一:该案例需要 2 台 PC、1 台服务器和 2 台交换机,要求使用 Hybrid 接口类型技术,实现技术部(PC1)、市场部(PC2)与服务器之间可以通信,而技术部与市场部之间不能够相互通信。

案例二:需要 4 台 PC、1 台服务器和 1 台交换机,要求使用 MUX VLAN 技术,实现办公区与服务器之间可以通信、宿舍区与服务器之间可以通信、办公区内部相互通信、宿舍区内部不能够相互通信。

实训目的:

- 理解 Hybrid 接口的应用场景。
- 理解 Hybrid 接口处理 Tagged 数据帧的过程。
- 理解 Hybrid 接口处理 Untagged 数据帧的过程。
- 掌握配置 Hybrid 接口的方法。

4.4　拓扑设备

案例一基于非对称 VLAN 模型拓扑设备:配置拓扑结构如图 4-1 所示,设备配置地址如表 4-2 所示。本案例所选设备为 2 台 S3700 交换机、2 台 PC、1 台 Server。在图 4-1 中,LSW4、LSW5 为交换机设备,PC1 代表技术部,PC2 代表市场部,Server 为服务器。

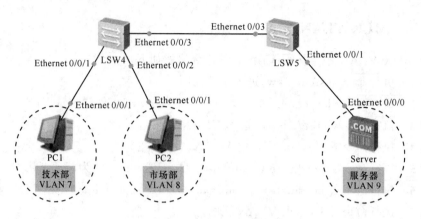

图 4-1 非对称 VLAN 拓扑结构图

表 4-2 设备配置地址

设 备	接 口	IP 地址	子网掩码
PC1	Ethernet0/0/1	192.168.70.7	255.255.255.0
PC2	Ethernet0/0/1	192.168.70.8	255.255.255.0
Server	Ethernet0/0/0	192.168.70.9	255.255.255.0
LSW4	E0/0/1、E0/0/2、E0/0/3	×××	×××
LSW5	E0/0/1、E0/0/3	×××	×××

案例二基于 MUX VLAN 拓扑设备:配置拓扑结构如图 4-2 所示,设备配置地址如表 4-3 所示。本案例所选设备为 1 台 S3700 交换机、4 台 PC、1 台 Server。在图 4-2 中,LSW3 为交换机设备,PC3、PC4 为技术部用户,PC5、PC6 为市场部用户,Server 为服务器。

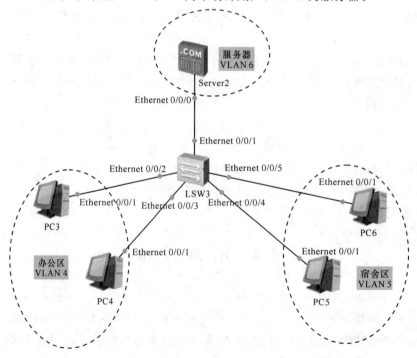

图 4-2 基于 MUX VLAN 的拓扑结构图

表 4-3　设备配置地址

设 备	接 口	IP 地址	子网掩码
PC3	Ethernet0/0/1	192.168.40.5	255.255.255.0
PC4	Ethernet0/0/1	192.168.40.6	255.255.255.0
PC5	Ethernet0/0/1	192.168.40.7	255.255.255.0
PC6	Ethernet0/0/1	192.168.40.8	255.255.255.0
Server2	Ethernet0/0/0	192.168.40.9	255.255.255.0
LSW3	E0/0/1～E0/0/5	×××	×××

4.5　案　例　实　施

4.5.1　基于非对称 VLAN 模型的端口隔离技术的实现

1. 配置用户设备

根据图 4-1 搭建拓扑环境,按照表 4-2 设置 PC1、PC2、Server 的 IP 地址、子网掩码。

2. 配置 LSW4

```
[LSW4]vlan batch 7 to 9                          //创建 VLAN 7、VLAN 8、VLAN 9
[LSW4]interface Ethernet 0/0/1                   //进入接口视图
[LSW4 - Ethernet0/0/1]port link - type hybrid    //配置端口类型为 Hybrid
[LSW4 - Ethernet0/0/1]port hybrid pvid vlan 7    //配置端口 E0/0/1    PVID 为 7
[LSW4 - Ethernet0/0/1]port hybrid untagged vlan 7 9   //允许 VLAN 7、VLAN 9 的数据帧以 untagged
                                                        方式通过

[LSW4 - Ethernet0/0/1]interface Ethernet 0/0/2   //进入接口视图
[LSW4 - Ethernet0/0/2]port link - type hybrid    //配置端口类型为 Hybrid
[LSW4 - Ethernet0/0/2]port hybrid pvid vlan 8    //配置端口 E0/0/2    PVID 为 8
[LSW4 - Ethernet0/0/2]port hybrid untagged vlan 8 9   //允许 VLAN 8、VLAN 9 的数据帧以 untagged
                                                        方式通过

[LSW4 - Ethernet0/0/2]interface Ethernet 0/0/3   //进入接口视图
[LSW4 - Ethernet0/0/3]port link - type hybrid    //配置端口类型为 Hybrid
[LSW4 - Ethernet0/0/3]port hybrid tagged vlan 7 to 9   //允许 VLAN 7、VLAN 8、VLAN 9 的数据帧以
                                                         tagged 方式通过
```

3. 配置 LSW5

```
[LSW5]vlan batch 7 to 9                           //创建 VLAN 7、VLAN 8、VLAN 9
[LSW5]interface Ethernet 0/0/1                    //进入接口视图
[LSW5 - Ethernet0/0/1]port link - type hybrid     //配置端口类型为 Hybrid
[LSW5 - Ethernet0/0/1]port hybrid pvid vlan 9     //配置端口 E0/0/1    PVID 为 9
[LSW5 - Ethernet0/0/1]port hybrid untagged vlan 7 to 9
[LSW5 - Ethernet0/0/1]interface Ethernet 0/0/3    //进入接口视图
[LSW5 - Ethernet0/0/3]port link - type hybrid     //配置端口类型为 Hybrid
```

```
[LSW5 - Ethernet0/0/3]port hybrid tagged vlan 7 to 9 //允许 VLAN 7、VLAN 8、VLAN 9 的数据帧以
                                                        tagged 方式通过
```

4. 结果验证

配置成功后,在 PC1 命令行窗口 ping 服务器 Server。

```
PC > ping 192.168.70.9

Ping 192.168.70.9: 32 data bytes, Press Ctrl_C to break
From 192.168.70.9: bytes = 32 seq = 1 ttl = 255 time = 32 ms
From 192.168.70.9: bytes = 32 seq = 2 ttl = 255 time = 62 ms
From 192.168.70.9: bytes = 32 seq = 3 ttl = 255 time = 62 ms
From 192.168.70.9: bytes = 32 seq = 4 ttl = 255 time = 46 ms
From 192.168.70.9: bytes = 32 seq = 5 ttl = 255 time = 47 ms


--- 192.168.70.9 ping statistics ---
  5 packet(s) transmitted
  5 packet(s) received
  0.00 % packet loss
  round - trip min/avg/max = 32/49/62 ms


PC >
```

通过测试,技术部 PC1 与公司服务器之间可以相互通信。

在 PC2 命令行窗口 ping 服务器 Server1。

```
PC > ping 192.168.70.9

Ping 192.168.70.9: 32 data bytes, Press Ctrl_C to break
From 192.168.70.9: bytes = 32 seq = 1 ttl = 255 time = 47 ms
From 192.168.70.9: bytes = 32 seq = 2 ttl = 255 time = 62 ms
From 192.168.70.9: bytes = 32 seq = 3 ttl = 255 time = 62 ms
From 192.168.70.9: bytes = 32 seq = 4 ttl = 255 time = 62 ms
From 192.168.70.9: bytes = 32 seq = 5 ttl = 255 time = 63 ms


--- 192.168.70.9 ping statistics ---
  5 packet(s) transmitted
  5 packet(s) received
  0.00 % packet loss
  round - trip min/avg/max = 47/59/63 ms


PC >
```

通过测试,市场部 PC2 与公司服务器之间可以相互通信。

验证 PC1 与 PC2 之间的连通性。

```
PC> ping 192.168.70.8

Ping 192.168.70.8: 32 data bytes, Press Ctrl_C to break
From 192.168.70.7: Destination host unreachable
From 192.168.70.7: Destination host unreachable
From 192.168.70.7: Destination host unreachable
From 192.168.70.7: Destination host unreachable
From 192.168.70.7: Destination host unreachable

--- 192.168.70.8 ping statistics ---
  5 packet(s) transmitted
  0 packet(s) received
  100.00% packet loss
```

通过测试,技术部 PC1 与市场部 PC2 之间不能通信。

4.5.2　基于 MUX VLAN 端口隔离与通信

1. 配置用户设备

根据图 4-2 搭建拓扑环境,按照表 4-3 设置 PC3~PC6、Server2 的 IP 地址、子网掩码。

2. 配置交换机 LSW3

(1) 配置 MUX VLAN。

```
[LSW3]vlan batch 4 to 6                    //创建 VLAN 4、VLAN 5、VLAN 6
[LSW3]vlan 6                               //进入 VLAN 管理视图
[LSW3 - vlan6]mux - vlan                   //配置主 VLAN
[LSW3 - vlan6]subordinate group 4          //配置 VLAN 4 为互通型从 VLAN
[LSW3 - vlan6]subordinate separate 5       //配置 VLAN 5 为隔离型从 VLAN
```

(2) 配置交换机 LSW3 的 VLAN。

```
[LSW3]interface Ethernet 0/0/2                  //进入接口视图
[LSW3 - Ethernet0/0/2]port link - type access   //配置端口类型为 Access
[LSW3 - Ethernet0/0/2]port default vlan 4        //将端口加入 VLAN 4
[LSW3 - Ethernet0/0/2]port mux - vlan enable      //开启接口的 MUX VLAN 功能
[LSW3 - Ethernet0/0/2]interface Ethernet 0/0/3   //仿真软件 eNSP 支持此方式进入接口视图
[LSW3 - Ethernet0/0/3]port link - type access   //配置端口类型为 Access
[LSW3 - Ethernet0/0/3]port default vlan 4        //将端口加入 VLAN 4
[LSW3 - Ethernet0/0/3]port mux - vlan enable      //开启接口的 MUX VLAN 功能
[LSW3 - Ethernet0/0/3]interface Ethernet 0/0/4   //进入接口视图
[LSW3 - Ethernet0/0/4]port link - type access   //配置端口类型为 Access
[LSW3 - Ethernet0/0/4]port default vlan 5        //将端口加入 VLAN 5
[LSW3 - Ethernet0/0/4]port mux - vlan enable      //开启接口的 MUX VLAN 功能
[LSW3 - Ethernet0/0/4]interface Ethernet 0/0/5   //进入接口视图
[LSW3 - Ethernet0/0/5]port link - type access   //配置端口类型为 Access
```

[LSW3 - Ethernet0/0/5]port default vlan 5 //将端口加入 VLAN 5

[LSW3 - Ethernet0/0/5]port mux - vlan enable //开启接口的 MUX VLAN 功能

[LSW3 - Ethernet0/0/5]interface Ethernet 0/0/1 //进入接口视图

[LSW3 - Ethernet0/0/1]port link - type access //配置端口类型为 Access

[LSW3 - Ethernet0/0/1]port default vlan 6 //将端口加入 VLAN 6

[LSW3 - Ethernet0/0/1]port mux - vlan enable //开启接口的 MUX VLAN 功能

3. 结果验证

配置完成后,在 PC3 上验证与 PC4、PC5、Server2 的连通性。

```
PC > ping 192.168.40.6

Ping 192.168.40.6: 32 data bytes, Press Ctrl_C to break
From 192.168.40.6: bytes = 32 seq = 1 ttl = 128 time = 31 ms
From 192.168.40.6: bytes = 32 seq = 2 ttl = 128 time = 31 ms
From 192.168.40.6: bytes = 32 seq = 3 ttl = 128 time = 15 ms
From 192.168.40.6: bytes = 32 seq = 4 ttl = 128 time = 31 ms
From 192.168.40.6: bytes = 32 seq = 5 ttl = 128 time = 32 ms

--- 192.168.40.6 ping statistics ---
  5 packet(s) transmitted
  5 packet(s) received
  0.00 % packet loss
  round - trip min/avg/max = 15/28/32 ms


PC > ping 192.168.40.7

Ping 192.168.40.7: 32 data bytes, Press Ctrl_C to break
From 192.168.40.5: Destination host unreachable
From 192.168.40.5: Destination host unreachable
From 192.168.40.5: Destination host unreachable
From 192.168.40.5: Destination host unreachable
From 192.168.40.5: Destination host unreachable

--- 192.168.40.7 ping statistics ---
  5 packet(s) transmitted
  0 packet(s) received
  100.00 % packet loss


PC > ping 192.168.40.9

Ping 192.168.40.9: 32 data bytes, Press Ctrl_C to break
From 192.168.40.9: bytes = 32 seq = 1 ttl = 255 time = 16 ms
```

```
From 192.168.40.9：bytes = 32 seq = 2 ttl = 255 time < 1 ms
From 192.168.40.9：bytes = 32 seq = 3 ttl = 255 time = 16 ms
From 192.168.40.9：bytes = 32 seq = 4 ttl = 255 time = 16 ms
From 192.168.40.9：bytes = 32 seq = 5 ttl = 255 time = 16 ms


--- 192.168.40.9 ping statistics ---
  5 packet(s) transmitted
  5 packet(s) received
  0.00 % packet loss
  round - trip min/avg/max = 0/12/16 ms


PC >
```

通过测试操作，由于办公区网络使用了互通型从 VLAN 技术，PC3 与 PC 4、Server2 可以相互通信，PC3 与 PC5 不能通信。即办公区内部可以相互通信，办公区与服务器也可以通信，而办公区与宿舍区不能相互通信。

在 PC5 上验证与 PC6、Server2 的连通性。

```
PC > ping 192.168.40.8

Ping 192.168.40.8：32 data bytes，Press Ctrl_C to break
From 192.168.40.7：Destination host unreachable
From 192.168.40.7：Destination host unreachable
From 192.168.40.7：Destination host unreachable
From 192.168.40.7：Destination host unreachable
From 192.168.40.7：Destination host unreachable


--- 192.168.40.8 ping statistics ---
  5 packet(s) transmitted
  0 packet(s) received
  100.00 % packet loss


PC > ping 192.168.40.9

Ping 192.168.40.9：32 data bytes，Press Ctrl_C to break
From 192.168.40.9：bytes = 32 seq = 1 ttl = 255 time = 16 ms
From 192.168.40.9：bytes = 32 seq = 2 ttl = 255 time = 16 ms
From 192.168.40.9：bytes = 32 seq = 3 ttl = 255 time = 32 ms
From 192.168.40.9：bytes = 32 seq = 4 ttl = 255 time = 16 ms
From 192.168.40.9：bytes = 32 seq = 5 ttl = 255 time = 16 ms


--- 192.168.40.9 ping statistics ---
  5 packet(s) transmitted
```

```
5 packet(s) received
0.00 % packet loss
round - trip min/avg/max = 16/19/32 ms

PC >
```

通过测试操作,由于宿舍区网络使用了隔离型从 VLAN 技术,PC5 与 PC6 不能相互通信,PC5 与 Server2 可以相互通信。即宿舍区内部不可以相互通信,而宿舍区与服务器可以通信。

4.6　常见问题与解决方法

1. 常见问题

(1) 问题一

Trunk 接口可以连接交换机设备,Access 接口可以连接终端设备,Hybrid 接口既可以连接交换机设备又可以连接终端设备,比较 Hybrid 接口与 Trunk 接口、Access 接口之间有何区别?

(2) 问题二

在配置交换机 VLAN 后,配置验证使用 display vlan 时,根据显示结果怎样判断交换机某一端口是采取何种接口类型配置?

2. 解决方法

(1) 问题一的解决方法

Trunk 类型的端口属于多个 VLAN,一般用于交换机与交换机相连的端口;Access 类型的端口只能属于一个 VLAN,一般用于连接计算机的端口;Hybrid 类型的端口可以用于交换机之间连接,也可以用于连接用户的计算机。Hybrid 接口和 Trunk 接口在接收数据时,处理方法是一样的。唯一不同之处在于:发送数据时,Hybrid 接口可以允许多个 VLAN 的报文发送时不打标签,而 Trunk 接口只允许默认 VLAN 的报文发送时不打标签。

交换机接口出入数据处理过程如下。

- Access 端口收报文:收到一个报文,判断是否有 VLAN 信息。如果没有,那么打上端口的 PVID,并进行交换转发;如果有,那么直接丢弃(默认)。
- Access 端口发报文:将报文的 VLAN 信息剥离,直接发送出去。
- Hybrid 端口收报文:收到一个报文,判断是否有 VLAN 信息。如果没有,那么打上端口的 PVID,并进行交换转发;如果有,那么判断该 Hybrid 端口是否允许该 VLAN 的数据进入,若可以则转发,否则丢弃。
- Hybrid 端口发报文:判断该 VLAN 在本端口的属性(用 display vlan 即可看到端口对应的 VLAN 哪些是 untag,哪些是 tag)。如果是 untag,那么剥离 VLAN 信息,再发送;如果是 tag,那么直接发送。

(2) 问题二的解决方法

配置验证使用 display vlan 命令显示结果。显示的结果中,UT 表明该端口发送数据帧时,会剥离 VLAN 标签,即此端口是一个 Access 端口或不带标签的 Hybrid 端口;TG 表明该端口在转发对应 VLAN 的数据帧时,不会剥离标签,直接进行转发,该端口可以是 Trunk 端口或带标签的 Hybrid 端口。

例:

```
<Huawei> display vlan
The total number of vlans is : 2
_____
U: Up;           D: Down;          TG: Tagged;          UT: Untagged;
MP: Vlan - mapping;                ST: Vlan - stacking;
#: ProtocolTransparent - vlan;     *: Management - vlan;
_____


VID   Type    Ports
_____

1     common  UT:GE0/0/1(D)    GE0/0/2(D)     GE0/0/3(D)     GE0/0/4(D)
              GE0/0/5(D)       GE0/0/6(D)     GE0/0/7(D)     GE0/0/8(D)
              GE0/0/9(D)       GE0/0/10(D)    GE0/0/11(D)    GE0/0/12(D)
              GE0/0/13(D)      GE0/0/14(D)    GE0/0/15(D)    GE0/0/16(D)
              GE0/0/17(D)      GE0/0/18(D)    GE0/0/19(D)    GE0/0/20(D)
              GE0/0/21(D)      GE0/0/22(D)    GE0/0/23(D)    GE0/0/24(D)


100   common  UT:GE0/0/1(D)

              TG:GE0/0/2(D)
```

从上面显示的结果可以判断出交换机 GE0/0/1 配置的接口类型为 Access 端口或不带标签的 Hybrid 端口,GE0/0/2 配置的接口类型为 Trunk 端口或带标签的 Hybrid 端口。

4.7 创 新 训 练

4.7.1 训练目的

本训练要完成一个跨越多台交换机(交换机设备为 S5700)的二层 VLAN 间的主机通信,实现 PC1、PC2 既能与 PC3 通信,又能与 PC4 通信,但 PC1、PC2 之间不能通信。要解决这个问题,需要将交换机相关端口配置为 Hybrid 接口类型。

4.7.2 训练拓扑

拓扑结构如图 4-3 所示。

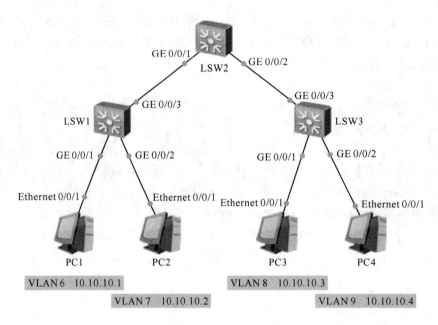

图 4-3　拓扑结构图

4.7.3　训练要求

1. 网络布线

根据拓扑图进行网络布线。

2. 实验编址

根据网络拓扑图设计网络设备的 IP 编址,填写表 4-4 所示地址表,根据需要填写,不需要的填写×。

表 4-4　设备配置地址表

设　备	接　口	IP 地址	子网掩码
PC1	Ethernet 0/0/1		
PC2	Ethernet 0/0/1		
PC3	Ethernet 0/0/1		
PC4	Ethernet 0/0/1		
LSW1	GE0/0/1		
	GE0/0/2		
	GE0/0/3		
LSW2	GE0/0/1		
	GE0/0/2		
LSW3	GE0/0/1		
	GE0/0/2		
	GE0/0/3		

3. 主要步骤

对交换机端口分别使用 Hybrid 接口类型完成配置交换机。

（1）搭建训练环境，配置 PC1～PC4 的 IP 地址、子网掩码，所有 PC 地址都在同网段。

（2）在交换机 LSW1 上配置。

① 配置交换机名 LSW1 为 SwitchA_1。

② 在交换机 SwitchA_1 上创建 VLAN 6～VLAN 9。

③ 将 SwitchA_1 的 GigabitEthernet 0/0/1 端口配置为 Hybrid 接口类型，加入 VLAN 6；将 GigabitEthernet 0/0/2 端口配置为 Hybrid 接口类型，加入 VLAN 7；将 GigabitEthernet 0/0/3 端口配置为 Hybrid 接口类型。

```
#
interface GigabitEthernet0/0/1
 port hybrid pvid vlan 6
 port hybrid untagged vlan 6 8 to 9
#
interface GigabitEthernet0/0/2
 port hybrid pvid vlan 7
 port hybrid untagged vlan 7 to 9
#
interface GigabitEthernet0/0/3
 port hybrid tagged vlan 6 to 9
#
```

④ 在交换机 SwitchA_1 上查看 VLAN 配置情况。

（3）在交换机 LSW2 上配置。

① 配置交换机名 LSW2 为 SwitchB_1。

② 在交换机 SwitchB_1 上创建 VLAN 6～VLAN 9。

③ 将 SwitchB_1 的 GigabitEthernet 0/0/1、GigabitEthernet 0/0/2 端口配置为 Hybrid 接口类型。

④ 在交换机 SwitchB_1 上查看 VLAN 配置情况。

```
#
interface GigabitEthernet0/0/1
 port hybrid tagged vlan 6 to 9
#
interface GigabitEthernet0/0/2
 port hybrid tagged vlan 6 to 9
#
```

（4）在交换机 LSW3 上配置。

① 配置交换机名 LSW3 为 SwitchC_1。

② 在交换机 SwitchC_1 上创建 VLAN 6～VLAN 9。

③ 将 SwitchC_1 的 GigabitEthernet 0/0/1 端口配置为 Hybrid 接口类型，加入 VLAN 8；

将 GigabitEthernet 0/0/2 端口配置为 Hybrid 接口类型，加入 VLAN 9；将 GigabitEthernet 0/0/3端口配置为 Hybrid 接口类型。

④ 在交换机 SwitchC_1 上查看 VLAN 配置情况。

```
#
interface GigabitEthernet0/0/1
 port hybrid pvid vlan 8
 port hybrid untagged vlan 6 to 8
#
interface GigabitEthernet0/0/2
 port hybrid pvid vlan 9
 port hybrid untagged vlan 6 to 7 9
#
interface GigabitEthernet0/0/3
 port hybrid tagged vlan 6 to 9
#
```

（5）测试主机 PC1、PC2 与 PC3 之间的通信。

（6）测试主机 PC1、PC2 与 PC4 之间的通信。

（7）测试主机 PC1 与 PC2 之间的通信。

实训 5 三层 VLAN 间路由

5.1 实训背景

某公司有两个主要部门:市场部与技术部。这两个部门拥有相同的业务,如上网、VoIP 等,而这两个部门中的用户位于不同的网段。目前在不同的部门中相同的业务所属的 VLAN 不相同,现需要实现不同 VLAN 的用户相互通信。市场部门和技术部门都拥有上网业务,但是属于不同的 VLAN 且位于不同的网段。现需要配置 VLANIF 接口,实现市场部门与技术部门的用户网络互通。

5.2 技能知识

5.2.1 VLANIF 接口

三层交换技术是将路由技术与二层交换技术合二为一的技术,在交换机内部实现了路由,提高了网络的整体性能。三层交换机通过路由表传输第一个数据流后,会产生一个 MAC 地址与 IP 地址的映射表。当同样的数据流再次通过时,将根据此表直接从二层通过而不是通过三层。为了保证第一次数据流通过路由表正常转发,路由表中必须有正确的路由表项。因此必须在三层交换机上部署 VLANIF 接口并部署路由协议,实现三层路由可达。

当交换机需要与网络层的设备通信时,可以在交换机上创建基于 VLAN 的逻辑接口,即 VLANIF 接口。VLANIF 接口属于逻辑接口,逻辑接口是指物理上不存在且需要通过配置建立的接口。VLANIF 接口是网络层接口,创建 VLANIF 接口前要先创建对应的 VLAN,才可以配置 IP 地址。借助 VLANIF 接口,交换机才能与其他网络层的设备互相通信,即实现了不同 VLAN 之间相互通信。

5.2.2 配置 VLANIF 接口

VLANIF 接口是三层逻辑接口,可以部署在三层交换机上,也可以部署在路由器上。在三层交换机上创建 VLANIF 接口后,可部署三层特性。创建某 VLAN 对应的 VLANIF 接口后,该 VLAN 不能再用作 Sub-VLAN 或主 VLAN。只有先通过 vlan 命令创建了编号是 vlan-id 的 VLAN,才能执行 interface vlanif 命令创建 VLANIF 接口,然后才能进一步配置 IP 地址,这里配置好的 IP 地址是该 VLAN 内所有主机的网关。其命令格式如下。

步骤 1 执行命令 system-view,进入系统视图。

步骤 2　执行命令 interface vlanif *vlan-id*，创建 VLANIF 接口，并进入 VLANIF 接口视图。VLANIF 接口的编号必须对应一个已经创建的 VLAN ID。如果 VLANIF 接口已经存在，interface vlanif 命令只用来进入 VLANIF 接口视图。

步骤 3　执行命令 ip address *ip-address*〈*mask* ｜ *mask-length*〉，配置 VLANIF 接口的 IP 地址，实现三层互通。

例：配置三层交换机 VLANIF 接口。创建 VLAN 100，VLANIF 接口 IP 地址为 192.168.100.254，子网掩码为 255.255.255.0。

```
<Huawei>system-view
Enter system view, return user view with Ctrl + Z.
[Huawei]vlan 100
[Huawei-vlan100]quit
[Huawei]interface vlanif 100
[Huawei-vlanif100]ip address 192.168.100.254 24
[Huawei-vlanif100]
```

5.2.3　删除 VLANIF 接口

在交换机中创建了 VLANIF 接口后，当不需要此 VLANIF 接口时，可以在系统视图下对其删除，执行命令如下。

```
undo interface vlanif vlan-id
```

例：创建了 VLANIF 100，现要把它删除，可使用 undo 把它删除。

```
[Huawei]undo interface vlanif 100
```

5.3　案例需求

案例一：该案例需要 2 台 PC、2 台交换机，要求使用配置 VLANIF 接口，实现在技术部（PC6）与市场部（PC7）之间可以通信。

案例二：该案例需要 4 台 PC、2 台交换机，要求使用配置 VLANIF 接口，实现在技术部（PC1、PC3）与市场部（PC2、PC4）之间可以通信。

实训目的：
- 理解数据包跨 VLAN 路由的原理。
- 掌握配置 VLANIF 路由接口的方法。
- 掌握测试多层交换网络连通性的方法。

5.4　拓扑设备

案例一：配置拓扑如图 5-1 所示，设备配置地址如表 5-1 所示，本案例所选交换机设备为 2 台 S3700、2 台 PC。图 5-1 中，LSW5 为二层交换机，LSW6 为三层交换机，PC6 为技术部，PC7 为市场部。

案例二：配置拓扑如图 5-2 所示，设备配置地址如表 5-2 所示，本案例所选交换机设备为 2 台 S3700、4 台 PC。图 5-2 中，LSW1、LSW2 为交换机设备，PC1、PC3 为技术部，PC2、PC4 为市场部。

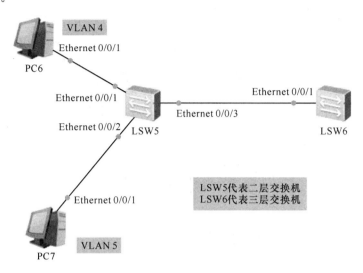

图 5-1　VLAN 间通信拓扑图 1

表 5-1　设备配置地址

设　备	接　口	IP 地址	子网掩码	网　关
PC6	Ethernet0/0/1	192.168.40.6	255.255.255.0	192.168.40.254
PC7	Ethernet0/0/1	192.168.50.7	255.255.255.0	192.168.50.254
LSW5	×	×	×	×
LSW6	VLANIF4	192.168.40.254	255.255.255.0	×
	VLANIF5	192.168.50.254	255.255.255.0	×

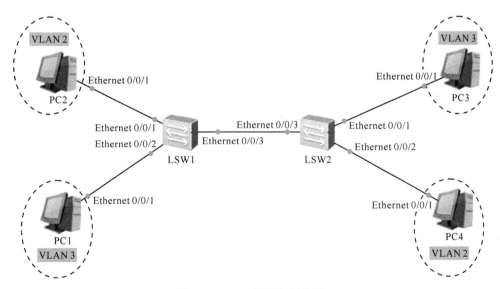

图 5-2　VLAN 间通信拓扑图 2

表 5-2　设备配置地址

设　备	接　口	IP 地址	子网掩码	网　关
PC1	Ethernet0/0/1	192.168.30.1	255.255.255.0	192.168.30.254
PC2	Ethernet0/0/1	192.168.20.2	255.255.255.0	192.168.20.254
PC3	Ethernet0/0/1	192.168.30.3	255.255.255.0	192.168.30.254
PC4	Ethernet0/0/1	192.168.20.4	255.255.255.0	192.168.20.254
LSW1	VLANIF 2	192.168.20.254	255.255.255.0	×
	VLANIF 3	192.168.30.254	255.255.255.0	×
LSW2	×	×	×	×

5.5　案例实施

5.5.1　VLAN 间通信实现方案一

1. 配置用户设备

根据拓扑(图 5-1)搭建拓扑环境,按照表 5-1 设置 PC6、PC7 的 IP 地址、子网掩码、网关。

2. 配置交换机 LSW5

(1) 对交换机 LSW5 命名,并在交换机上创建 VLAN 4,将 Ethernet 0/0/1 端口配置为 Access 接口并划分给 VLAN 4。

```
<Huawei>
<Huawei>system-view
Enter system view, return user view with Ctrl+Z.
[Huawei]sysname LSW5
[LSW5]vlan 4
[LSW5-vlan4]quit
[LSW5-Ethernet0/0/1]port link-type access
[LSW5-Ethernet0/0/1]port default vlan 4
[LSW5-Ethernet0/0/1]
```

(2) 在交换机上创建 VLAN 5,将 Ethernet 0/0/2 端口配置为 Access 接口并划分给 VLAN 5。

```
[LSW5]vlan 5
[LSW5-vlan5]quit
[LSW5]interface Ethernet0/0/2
[LSW5-Ethernet0/0/2]port link-type access
[LSW5-Ethernet0/0/2]port default vlan 5
[LSW5-Ethernet0/0/2]
```

（3）配置验证。

```
[LSW5]display vlan
The total number of vlans is : 3
--------------------------------------------------------------------------------
U: Up;          D: Down;          TG: Tagged;          UT: Untagged;
MP: Vlan - mapping;              ST: Vlan - stacking;
# : ProtocolTransparent - vlan;      * : Management - vlan;
--------------------------------------------------------------------------------

VID  Type    Ports
--------------------------------------------------------------------------------
1    common  UT:Eth0/0/3(U)      Eth0/0/4(D)      Eth0/0/5(D)      Eth0/0/6(D)
                Eth0/0/7(D)      Eth0/0/8(D)      Eth0/0/9(D)      Eth0/0/10(D)
                Eth0/0/11(D)     Eth0/0/12(D)     Eth0/0/13(D)     Eth0/0/14(D)
                Eth0/0/15(D)     Eth0/0/16(D)     Eth0/0/17(D)     Eth0/0/18(D)
                Eth0/0/19(D)     Eth0/0/20(D)     Eth0/0/21(D)     Eth0/0/22(D)
                GE0/0/1(D)       GE0/0/2(D)

4    common  UT:Eth0/0/1(U)

5    common  UT:Eth0/0/2(U)

VID  Status  Property      MAC - LRN Statistics Description
--------------------------------------------------------------------------------

1    enable  default       enable   disable   VLAN 0001
4    enable  default       enable   disable   VLAN 0004
5    enable  default       enable   disable   VLAN 0005
[LSW5]
```

（4）配置交换机 LSW5 的 VLAN 的汇聚链接。

```
[LSW5]interface Ethernet0/0/3
[LSW5 - Ethernet0/0/3]port link - type trunk
[LSW5 - Ethernet0/0/3]port trunk allow - pass vlan 4 5
[LSW5 - Ethernet0/0/3]
```

3. 配置交换机 LSW6

要实现不同 VLAN 之间相互通信,交换机 LSW6 需要做三步配置。首先,创建 VLAN 4、VLAN 5;其次,配置汇聚链接 Trunk 接口;最后,创建 VLANIF 接口及其 IP 地址、子网掩码。

（1）对交换机命名,并创建 VLAN 4、VLAN 5。

```
< Huawei > system - view
Enter system view, return user view with Ctrl + Z.
[Huawei]sysname LSW6
[LSW6]vlan batch 4 5
```

（2）配置交换机 LSW6 的 VLAN 的汇聚链接。

```
[LSW6]interface Ethernet0/0/1
[LSW6 - Ethernet0/0/1]port link - type trunk
[LSW6 - Ethernet0/0/1]port trunk allow - pass vlan 4 5
```

（3）创建 VLANIF 接口及配置 IP 地址、子网掩码。

```
[LSW6]interface vlanif 4
[LSW6 - vlanif4]
Jul 19 2017 17:19:33 - 08:00 LSW6 %% 01IFNET/4/IF_STATE(l)[0]:Interface Vlanif4 has
 turned into UP state.
[LSW6 - vlanif4]ip address 192.168.40.254 24
[LSW6 - vlanif4]interface vlanif 5
[LSW6 - vlanif5]ip address 192.168.50.254 24
[LSW6 - vlanif5]
```

4. 结果验证

配置完成后，在 PC6 命令行窗口运行 ping 命令：PC6 ping PC7。

```
PC > ping 192.168.50.7
Ping 192.168.50.7: 32 data bytes, Press Ctrl_C to break
From 192.168.50.7: bytes = 32 seq = 1 ttl = 127 time = 124 ms
From 192.168.50.7: bytes = 32 seq = 2 ttl = 127 time = 78 ms
From 192.168.50.7: bytes = 32 seq = 3 ttl = 127 time = 94 ms
From 192.168.50.7: bytes = 32 seq = 4 ttl = 127 time = 63 ms
From 192.168.50.7: bytes = 32 seq = 5 ttl = 127 time = 94 ms
--- 192.168.50.7 ping statistics ---
   5 packet(s) transmitted
   5 packet(s) received
   0.00 % packet loss
   round - trip min/avg/max = 63/90/124 ms
PC >
```

5.5.2 VLAN 间通信实现方案二

1. 配置用户设备

根据拓扑（图 5-2）搭建拓扑环境，按照表 5-2 设置 PC1～PC4 的 IP 地址、子网掩码。

2. 配置交换机 LSW1 的 VLAN

（1）在交换机 LSW1 上创建 VLAN 2，将 Ethernet 0/0/1 端口配置为 Access 接口并划分给 VLAN 2。

```
< Huawei > system - view                              //进入系统视图
[Huawei]sysname LSW1                                  //修改设备名称
[LSW1]interface Ethernet 0/0/1                        //进入接口视图
```

```
[LSW1 - Ethernet0/0/1]port link - type access          //配置端口类型为 Access
[LSW1 - Ethernet0/0/1]quit                             //退出
[LSW1]vlan 2                                           //创建 VLAN 2
[LSW1 - vlan2]port Ethernet 0/0/1                      //将 Access 端口加入 VLAN 2
[LSW1 - vlan2]quit                                     //退出
```

（2）创建 VLAN 3，将 Ethernet 0/0/2 端口配置为 Access 接口类型并划分给 VLAN 3。

```
[LSW1]interface Ethernet 0/0/2                         //进入接口视图
[LSW1 - Ethernet0/0/2]port link - type access         //配置端口类型为 Access
[LSW1 - Ethernet0/0/2]quit                            //退出
[LSW1]vlan 3                                           //创建 VLAN 3
[LSW1 - vlan3]port Ethernet 0/0/2                      //将 Access 端口加入 VLAN 3
```

（3）配置交换机 LSW1 的 VLAN 的汇聚链接。

```
[LSW1]interface Ethernet0/0/3                          //进入接口视图
[LSW1 - Ethernet0/0/3]port link - type trunk          //配置端口类型为 Trunk
[LSW1 - Ethernet0/0/3]port trunk allow - pass vlan 2 to 3   //配置 Trunk 所允许通过的 VLAN
```

3. 配置交换机 LSW2 的 VLAN

（1）创建 VLAN 3，将 Ethernet 0/0/1 端口配置为 Access 接口并划分给 VLAN 3。

```
[LSW2]interface Ethernet0/0/1                          //进入接口视图
[LSW2 - Ethernet0/0/1]port link - type access         //配置端口类型为 Access
[LSW2 - Ethernet0/0/1]vlan 3                           //创建 VLAN 3，仿真软件支持此操作方式创建 VLAN
[LSW2 - vlan3]port Ethernet 0/0/1                      //将 Access 端口加入 VLAN 3
[LSW2 - vlan3]quit                                     //退出
```

（2）创建 VLAN2，将 Ethernet 0/0/2 端口配置为 Access 接口并划分给 VLAN 2。

```
[LSW2]interface Ethernet0/0/2                          //进入接口视图
[LSW2 - Ethernet0/0/2]port link - type access         //配置端口类型为 Access
[LSW2 - Ethernet0/0/2]vlan 2                           //创建 VLAN2
[LSW2 - vlan2]port Ethernet 0/0/2                      //将 Access 端口加入 VLAN 2
```

（3）配置交换机 LSW2 的 VLAN 的汇聚链接。

```
[LSW1]interface Ethernet0/0/3                          //进入接口视图
[LSW1 - Ethernet0/0/3]port link - type trunk          //配置端口类型为 Trunk
[LSW1 - Ethernet0/0/3]port trunk allow - pass vlan 2  //配置 Trunk 允许 VLAN 2 通过
[LSW1 - Ethernet0/0/3]port trunk allow - pass vlan 3  //配置 Trunk 允许 VLAN 3 通过
```

4. 过程验证

通过上面的实验操作，技术部（PC1）与市场部（PC2）之间不能通信，但每个部门内部可以相互通信。在 PC1 命令行窗口运行 ping 命令：PC1 ping 通 PC3，PC1 ping 不通 PC2、PC4。

PC1 ping 通 PC3 验证显示：

```
PC > ping 192.168.30.3
Ping 192.168.30.3：32 data bytes，Press Ctrl_C to break
From 192.168.30.3：bytes = 32 seq = 1 ttl = 128 time = 78 ms
From 192.168.30.3：bytes = 32 seq = 2 ttl = 128 time = 46 ms
From 192.168.30.3：bytes = 32 seq = 3 ttl = 128 time = 62 ms
From 192.168.30.3：bytes = 32 seq = 4 ttl = 128 time = 62 ms
From 192.168.30.3：bytes = 32 seq = 5 ttl = 128 time = 63 ms
--- 192.168.30.3 ping statistics ---
   5 packet(s) transmitted
   5 packet(s) received
   0.00 % packet loss
   round - trip min/avg/max = 46/62/78 ms
```

PC1 ping 不通 PC2 验证显示：

```
PC > ping 192.168.20.2
Ping 192.168.20.2：32 data bytes，Press Ctrl_C to break
From 192.168.30.1：Destination host unreachable
```

5. 创建 VLANIF 接口

在交换机 LSW1 上创建 VLANIF 接口，并配置 IP 地址。

```
[LSW1]interface vlanif 2
[LSW1 - vlanif2]ip address 192.168.20.254 24
[LSW1]interface vlanif 3
[LSW1 - vlanif2]ip address 192.168.30.254 24
```

6. 设置网关地址

设置 PC1～PC4 的网关地址。VLANIF 接口的 IP 地址作为主机的网关 IP 地址，和主机的 IP 地址必须位于同一网段。

7. 结果验证

在 PC1 命令行窗口运行 ping 命令：PC1 ping PC2、PC4。

PC1 ping PC2 验证显示：

```
PC > ping 192.168.20.2
Ping 192.168.20.2：32 data bytes，Press Ctrl_C to break
From 192.168.20.2：bytes = 32 seq = 1 ttl = 127 time = 47 ms
From 192.168.20.2：bytes = 32 seq = 2 ttl = 127 time = 47 ms
From 192.168.20.2：bytes = 32 seq = 3 ttl = 127 time = 31 ms
From 192.168.20.2：bytes = 32 seq = 4 ttl = 127 time = 47 ms
From 192.168.20.2：bytes = 32 seq = 5 ttl = 127 time = 47 ms
--- 192.168.20.2 ping statistics ---
   5 packet(s) transmitted
```

```
5 packet(s) received
0.00% packet loss
round-trip min/avg/max = 31/43/47 ms
```

PC1 ping PC4 验证显示：

```
PC > ping 192.168.20.4
Ping 192.168.20.4: 32 data bytes, Press Ctrl_C to break
From 192.168.20.4: bytes = 32 seq = 1 ttl = 127 time = 78 ms
From 192.168.20.4: bytes = 32 seq = 2 ttl = 127 time = 78 ms
From 192.168.20.4: bytes = 32 seq = 3 ttl = 127 time = 78 ms
From 192.168.20.4: bytes = 32 seq = 4 ttl = 127 time = 78 ms
From 192.168.20.4: bytes = 32 seq = 5 ttl = 127 time = 62 ms
--- 192.168.20.4 ping statistics ---
  5 packet(s) transmitted
  5 packet(s) received
  0.00% packet loss
  round-trip min/avg/max = 62/74/78 ms
```

结果显示：不同 VLAN 间可以相互通信。

5.6　常见问题与解决方法

1. 常见问题

在做三层 VLAN 间通信的实验过程中，有时会忘记配置主机网关地址，导致不同 VLAN 之间不能互相通信，请问网关在这个过程中起什么作用？

2. 解决方法

同一 VLAN、同一网段主机之间相互通信，属于数据链路层设备之间通信，不需要网关，只要在同一 VLAN，主机 IP 地址在同一子网就可以相互通信。

如果是不同 VLAN、不同网段之间相互通信，属于网络层设备之间相互通信，这时就需要网关。不同 VLAN、不同子网相互通信的设备可以使用三层交换机或路由器，它们之间报文转发过程中，首先需要确定转发路径以及通往目的网段的接口，然后将报文封装在以太帧中通过指定的物理接口转发出去。如果目的主机与源主机不在同一网段，报文需要先转发到网关，然后通过网关将报文转发到目的网段。

网关是指接收并处理本地网段主机发送的报文转发到目的网段的设备。为实现此功能，网关必须知道目的网段的 IP 地址。网关设备上连接本地网段的接口地址即为该网段的网关地址。

5.7　创 新 训 练

5.7.1　训练目的

本训练要完成一个跨越多台交换机的三层 VLAN 间主机通信，实现 PC8～PC11 之间相互通信。要解决这个问题,需要掌握交换机相关端口的配置以及学会创建 VLANIF接口。

5.7.2 训练拓扑

拓扑结构如图 5-3 所示。

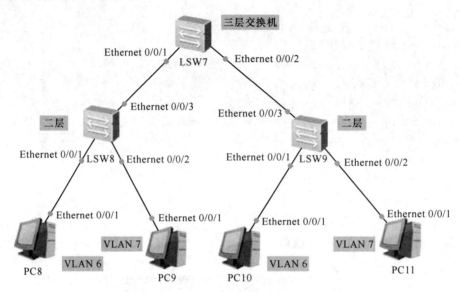

图 5-3 拓扑结构图

5.7.3 训练要求

1. 网络布线

根据拓扑图进行网络布线。

2. 实验编址

根据网络拓扑图设计网络设备的 IP 编址,填写表 5-3 所示地址表,根据需要填写,不需要的填写×。

表 5-3 设备配置地址表

设 备	接 口	IP 地址	子网掩码	网 关
PC8	Ethernet 0/0/1			
PC9	Ethernet 0/0/1			
PC10	Ethernet 0/0/1			
PC11	Ethernet 0/0/1			
LSW7	VLANIF 6			
	VLANIF 7			
LSW8	×			
LSW9	×			

3. 主要步骤

（1）搭建训练环境，根据表 5-3 填写的 IP 地址，设置 PC8～PC11 的 IP 地址、子网掩码以及网关。

（2）在交换机 LSW7 上配置。

① 配置交换机名 LSW7。

② 在交换机 LSW7 上创建 VLAN 6、VLAN 7。

③ 将 LSW7 的 Ethernet 0/0/1 和 Ethernet 0/0/2 端口配置为 Trunk 接口类型。

④ 创建 VLANIF 接口以及配置 IP 地址、子网掩码。

⑤ 在交换机 LSW7 上查看 VLAN 和 VLANIF 接口配置情况。

（3）在交换机 LSW8 上配置。

① 配置交换机名 LSW8。

② 在交换机 LSW8 上创建 VLAN 6、VLAN 7。

③ 将 LSW8 的 Ethernet 0/0/3 端口配置为 Trunk 接口类型，将 Ethernet 0/0/1 和 Ethernet 0/0/2 端口配置为 Access 接口类型。

④ 在交换机 LSW8 上查看 VLAN 配置情况。

（4）在交换机 LSW9 上配置。

① 配置交换机名 LSW9。

② 在交换机 LSW9 上创建 VLAN 6、VLAN 7。

③ 将 LSW8 的 Ethernet 0/0/3 端口配置为 Trunk 接口类型，将 Ethernet 0/0/1 和 Ethernet 0/0/2 端口配置为 Access 接口类型。

④ 在交换机 LSW9 上查看 VLAN 配置情况。

（5）测试主机 PC8 与 PC9、PC10、PC11 之间的通信。

实训6 STP 生成树协议

6.1 实训背景

某公司有一个主要的部门:技术部。这个部门的计算机网络通过两台交换机互连组成内部局域网,为了提高网络的可靠性,网络管理员用两条链路将交换机互连,现要在交换机上做适当配置,避免网络环路,同时要实现部门内部网络相互通信。

6.2 技能知识

6.2.1 生成树协议

生成树协议(Spanning Tree Protocol,STP)是一种用于解决二层交换网络的协议,在二层交换网络中,一旦存在环路就会造成报文在环路内不断循环和增生,产生广播风暴,从而占用所有的有效带宽,使网络变得不可用。通过生成树协议可以有选择地阻塞网络冗余链路达到消除网络二层环路的目的,同时也使网络具备了链路备份的功能。

6.2.2 基本术语

STP 主要用于在存在环路结构的二层网络中构建一个无环的树形的二层拓扑,协议由IEEE 802.1D 定义。

1. 交换机 MAC 地址

每台交换机都有一个 MAC 地址,这些 MAC 地址可以有不同的用途。

2. 桥 ID(Bridge ID)

一个"桥 ID"由两部分组成:优先级和 MAC 地址。前 16 位是交换机的优先级值,后 48 位表示的是交换机 MAC 地址构成的一组数值。比较"桥 ID"的大小,值越小越优先,先比较优先级值大小,如果优先级值一样,再比较 MAC 地址。所有交换机上默认的优先级值都一样:32 768,除非网络管理员手动修改为其他值。在本实训中,涉及"桥"的概念描述,都可以描述为"交换机"。例如,此处的"桥 ID",也可以描述为"交换机 ID","根桥"也可描述为"根交换机"等。

3. 链路开销

链路开销,即为该路径经过的所有端口的开销总和。端口开销表示数据从该端口发送时的开销值,也即出端口的开销,而接收数据的端口是没有开销的。端口的开销和端口的带宽有关,带宽越高,链路的速率越高,它的开销越低。

4. 桥协议数据单元

桥协议数据单元(Bridge Protocol Data Unit,BPDU),这种数据帧包含了STP选举需要的所有信息,包括由根网桥的优先级值、根网桥的MAC、交换机去往根网桥的链路开销等。

6.2.3　STP 的工作流程

STP的选举过程主要按照下面四个步骤进行操作。

步骤 1　选举根网桥。根网桥也称为根交换机或根(网)桥,是交换网络中的一台交换机,每个STP网络中有且仅有一台根网桥。桥ID数值最小的当选。

步骤 2　选举根端口。非根交换机在自己的所有端口之间,选择出距离根网桥最近的端口。选择根路径开销(Root Path Cost,RPC)最低的端口;若有多个端口的RPC相等,选择对端桥ID最低的端口;若有多个端口的对端ID相等,选择对端端口ID最低的端口。选举根端口的初衷是选举出STP网络中每台交换机上与根交换机通信效率最高的端口。

步骤 3　选举指定端口。在位于同一网段中的所有端口之间选择出一个距离根网桥最近的端口,也就是两台直连交换机的端口距离根网桥最近的那一个端口。选择根路径开销(Root Path Cost,RPC)最低的端口;若有多个端口的RPC相等,选择桥ID最低的端口;若有多个端口的桥ID相等,选择端口ID最低的端口。

步骤 4　阻塞剩余端口。在选出了根端口和指定端口后,在STP网络中除去根端口和指定端口,剩下的所有端口置于阻塞状态。

6.2.4　STP 端口角色

在配置STP完成后,STP端口角色主要有根端口、指定端口、预备端口。

- 根端口(Root Port,ROOT):根端口是非根交换机上距离根网桥最近的端口,处于转发状态(FORWARDING)。
- 指定端口(Designated Port,DESI):指定端口是每个网段中距离根网桥最近的端口,处于转发状态。根网桥的所有端口都是指定端口,根网桥自身存在物理的情况例外。
- 预备端口(Alternate Port,ALTE):预备端口是指一个STP域中既不是根端口,也不是指定端口的端口。预备端口会处于逻辑的阻塞状态(DISCARDING),这类端口不会接收或发送任何数据,但会监听BPDU。在网络中,一些端口出现故障时,STP会让预备端口开始转发数据,以此恢复网络的正常通信。

6.2.5　命令行视图

1. STP 命令格式

STP的配置实施步骤,如表6-1所示。

表 6-1　STP 的配置过程

步　骤	命　令	解　释
1	system-view	进入系统视图
2	stp enable	启用 STP
3	stp mode stp	配置 STP 工作模式
4	stp priority *priority*	配置交换设备在系统中的优先级。在默认情况下,交换设备的优先级取值是 32 768。如果为当前设备配置系统优先级的目的是配置当前设备为根桥设备,那么可以直接选择执行命令 stp root primary,配置后该设备优先级数值自动为 0。 执行命令 stp root secondary 可以配置当前交换设备为备份根桥设备,配置后该设备优先级数值自动为 4 096。 同一台交换设备不能既作为根桥又作为备用根桥
5	stp cost *value*	配置端口开销,华为交换机默认使用 802.1t(dot1t) 作为开销计算标准,千兆端口开销是 20 000

2. 检查配置结果

STP 配置成功后,检查配置,如表 6-2 所示。

表 6-2　STP 的检查配置

命　令	解　释
display stp[interface *interface-type interface-number*] [brief]	查看生成树的状态信息与统计信息

6.3　案例需求

本案例需要两台交换机、两台 PC 组成环路网络。PC1 扮演市场部,PC2 扮演技术部。实训目的:

- 理解 STP 的选举过程。
- 掌握 STP 的配置命令。
- 掌握修改网桥优选级影响根网桥选举的方法。
- 掌握影响根端口和指定端口选举的方法。

6.4　拓扑设备

配置拓扑如图 6-1 所示,设备配置地址如表 6-3 所示,本案例所选设备为两台交换机 S5700、两台终端设备 PC。

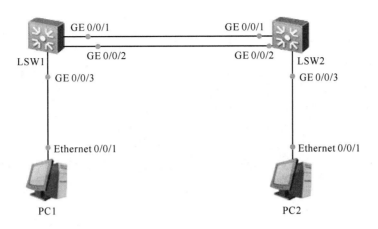

图 6-1　STP 拓扑结构

表 6-3　设备配置地址

设　备	接　口	IP 地址	子网掩码	网　关
PC1	Ethernet0/0/1	12.1.1.11	255.255.255.0	×
PC2	Ethernet0/0/1	12.1.1.22	255.255.255.0	×
LSW1	G0/0/1	×	×	×
	G0/0/2	×	×	×
	G0/0/3	×	×	×
LSW2	G0/0/1	×	×	×
	G0/0/2	×	×	×
	G0/0/3	×	×	×

6.5　案 例 实 施

1. 配置 STP

配置交换机运行 STP 模式,主要命令如下。

```
< Huawei > system - view            //配置 LSW1 交换机
Enter system view, return user view with Ctrl + Z.
[Huawei]sysname LSW1
[LSW1]stp enable
[LSW1]stp mode stp


< Huawei > system - view            //配置 LSW2 交换机
Enter system view, return user view with Ctrl + Z.
[Huawei]sysname LSW2
[LSW2]stp enable
[LSW2]stp mode stp
```

2. 检验配置

查看 STP 的状态信息，使用 display stp 命令显示查看与 STP 有关的信息。

```
[LSW1]display stp
-------- [CIST Global Info][Mode STP] --------
CIST Bridge          :32768.4c1f－ccd2－2008
Config Times         :Hello 2s MaxAge 20s FwDly 15s MaxHop 20
Active Times         :Hello 2s MaxAge 20s FwDly 15s MaxHop 20
CIST Root/ERPC       :32768.4c1f－cc07－3475 / 20000
CIST RegRoot/IRPC    :32768.4c1f－ccd2－2008 / 0
CIST RootPortId      :128.1
BPDU－Protection      :Disabled
TC or TCN received   :35
TC count per hello   :0
STP Converge Mode    :Normal
Time since last TC   :0 days 0h :0m :49s
Number of TC         :4
Last TC occurred     :GigabitEthernet0/0/1
----[Port1(GigabitEthernet0/0/1)][FORWARDING]----
Port Protocol        :Enabled
Port Role            :Root Port
Port Priority        :128
Port Cost(Dot1T )    :Config = auto / Active = 20000
Designated Bridge/Port   :32768.4c1f－cc07－3475 / 128.1
Port Edged           :Config = default / Active = disabled
Point－to－point       :Config = auto / Active = true
Transit Limit        :147 packets/hello－time
Protection Type      :None
Port STP Mode        :STP
Port Protocol Type   :Config = auto / Active = dot1s
BPDU Encapsulation   :Config = stp / Active = stp
PortTimes            :Hello 2s MaxAge 20s FwDly 15s RemHop 0
TC or TCN send       :3
TC or TCN received   :18
BPDU Sent            :18
        TCN: 0, Config: 18, RST: 0, MST: 0
BPDU Received        :40
        TCN: 0, Config: 40, RST: 0, MST: 0
----[Port2(GigabitEthernet0/0/2)][DISCARDING]----
Port Protocol        :Enabled
```

```
    Port Role              :Alternate Port

    Port Priority          :128

    Port Cost(Dot1T )      :Config = auto / Active = 20000

    Designated Bridge/Port   :32768.4c1f - cc07 - 3475 / 128.2

    Port Edged             :Config = default / Active = disabled

    Point - to - point     :Config = auto / Active = true

    Transit Limit          :147 packets/hello - time

    Protection Type        :None

    Port STP Mode          :STP

    Port Protocol Type     :Config = auto / Active = dot1s

    BPDU Encapsulation     :Config = stp / Active = stp

    PortTimes              :Hello 2s MaxAge 20s FwDly 15s RemHop 0

    TC or TCN send         :5

    TC or TCN received     :17

    BPDU Sent              :20

            TCN: 0, Config: 20, RST: 0, MST: 0

    BPDU Received          :42

            TCN: 0, Config: 42, RST: 0, MST: 0

---- [Port3(GigabitEthernet0/0/3)][FORWARDING] ----

    Port Protocol          :Enabled

    Port Role              :Designated Port

    Port Priority          :128

    Port Cost(Dot1T )      :Config = auto / Active = 20000

    Designated Bridge/Port   :32768.4c1f - ccd2 - 2008 / 128.3

    Port Edged             :Config = default / Active = disabled

    Point - to - point     :Config = auto / Active = true

    Transit Limit          :147 packets/hello - time

    Protection Type        :None

    Port STP Mode          :STP

    Port Protocol Type     :Config = auto / Active = dot1s

    BPDU Encapsulation     :Config = stp / Active = stp

    PortTimes              :Hello 2s MaxAge 20s FwDly 15s RemHop 20

    TC or TCN send         :38

    TC or TCN received     :0

    BPDU Sent              :62

            TCN: 0, Config: 62, RST: 0, MST: 0

---- More ----
```

3. 修改桥优先级,控制根桥选举

在 LSW1 上修改桥优先级,配置 LSW1 为根桥。

```
[LSW1]stp priority 0    //配置桥优先级,优先级的范围是 0~61 440,输入的值必须是 4 096 的倍数
[LSW1]display stp
    -------- [CIST Global Info][Mode STP]--------
CIST Bridge            :0    .4c1f - ccd2 - 2008
Config Times           :Hello 2s MaxAge 20s FwDly 15s MaxHop 20
Active Times           :Hello 2s MaxAge 20s FwDly 15s MaxHop 20
CIST Root/ERPC         :0    .4c1f - ccd2 - 2008 / 0
CIST RegRoot/IRPC      :0    .4c1f - ccd2 - 2008 / 0
CIST RootPortId        :0.0
BPDU - Protection      :Disabled
TC or TCN received     :35
TC count per hello     :0
STP Converge Mode      :Normal
Time since last TC     :0 days 0h:3m:6s
Number of TC           :4
Last TC occurred       :GigabitEthernet0/0/1
    ---- [Port1(GigabitEthernet0/0/1)][DISCARDING] ----
    Port Protocol          :Enabled
    Port Role              :Designated Port
    Port Priority          :128
    Port Cost(Dot1T )      :Config = auto / Active = 20000
    Designated Bridge/Port  :0.4c1f - ccd2 - 2008 / 128.1
    Port Edged             :Config = default / Active = disabled
    Point - to - point      :Config = auto / Active = true
    Transit Limit          :147 packets/hello - time
    Protection Type        :None
    ---- More ----
```

4. 修改端口优先级,控制根端口和指定端口的选举

查看 STP 摘要信息。

```
[LSW1]display stp brief
  MSTID   Port                      Role   STP State    Protection
    0     GigabitEthernet0/0/1      DESI   FORWARDING   NONE
    0     GigabitEthernet0/0/2      DESI   FORWARDING   NONE
    0     GigabitEthernet0/0/3      DESI   FORWARDING   NONE
[LSW2]display stp brief
  MSTID   Port                      Role   STP State    Protection
    0     GigabitEthernet0/0/1      ROOT   FORWARDING   NONE
    0     GigabitEthernet0/0/2      ALTE   DISCARDING   NONE
    0     GigabitEthernet0/0/3      DESI   FORWARDING   NONE
```

　　修改 LSW1 上端口的优先级,让 LSW2 的 G0/0/2 端口成为根端口。在 LSW1 上有两种方法可以调整:将 G0/0/2 端口的优先级调小;或将 G0/0/1 端口的优先级调大。

（1）将 G0/0/2 端口的优先级调小。原来端口的优先级默认为 128,端口的优先级需要按 16 的倍数调整,比如将 G0/0/2 端口的优先级调为 32。

```
[LSW1]interface GigabitEthernet 0/0/2
[LSW1-GigabitEthernet0/0/2]stp port priority 32

[LSW2]display stp brief        //查看 G0/0/2 是否为根端口
 MSTID   Port                           Role   STP State      Protection
   0     GigabitEthernet0/0/1           ALTE   DISCARDING     NONE
   0     GigabitEthernet0/0/2           ROOT   FORWARDING     NONE
   0     GigabitEthernet0/0/3           DESI   FORWARDING     NONE
```

（2）将 G0/0/1 端口的优先级调大,调整为 144。

恢复 LSW1 端口 G0/0/2 的优先级默认值。

```
[LSW1]interface GigabitEthernet 0/0/2
[LSW1-GigabitEthernet0/0/2]stp port priority 128    //恢复端口的优先级默认值
```

查看 LSW2 STP 端口状态。

```
[LSW2]display stp brief
 MSTID   Port                           Role   STP State      Protection
   0     GigabitEthernet0/0/1           ROOT   FORWARDING     NONE
   0     GigabitEthernet0/0/2           ALTE   DISCARDING     NONE
   0     GigabitEthernet0/0/3           DESI   FORWARDING     NONE
```

在 LSW1 上将 G0/0/1 端口的优先级调大。

```
[LSW1]interface GigabitEthernet 0/0/1
[LSW1-GigabitEthernet0/0/1]stp port priority 144
```

再一次查看 LSW2 STP 端口状态,此时 G0/0/2 为根端口。

```
[LSW2]display stp brief        //查看 G0/0/2 是否为根端口
 MSTID   Port                           Role   STP State      Protection
   0     GigabitEthernet0/0/1           ALTE   DISCARDING     NONE
   0     GigabitEthernet0/0/2           ROOT   DISCARDING     NONE
   0     GigabitEthernet0/0/3           DESI   FORWARDING     NONE
```

5. 修改端口开销、控制根端口和指定端口的选举

在 LSW2 上修改端口开销,让 LSW2 的 G0/0/2 端口成为根端口。如果执行了上面的配置,需要在 LSW1 上将 G0/0/1 端口的优先级恢复为默认值。

查看 LSW2 STP 端口状态。

```
[LSW2]display stp brief        //查看 G0/0/1 是否为根端口
 MSTID   Port                           Role   STP State      Protection
   0     GigabitEthernet0/0/1           ROOT   DISCARDING     NONE
   0     GigabitEthernet0/0/2           ALTE   DISCARDING     NONE
   0     GigabitEthernet0/0/3           DESI   FORWARDING     NONE
```

在 LSW2 上修改端口优先级，让 LSW2 的 G0/0/2 端口选举为根端口。在 LSW2 上有两种方法可以调整：将 G0/0/1 端口开销调大；或将 G0/0/2 端口开销调小。

（1）将 G0/0/1 端口开销调大，选举 G0/0/2 端口为根端口。

```
[LSW2]display stp interface g0/0/1
-------[CIST Global Info][Mode STP]-------
CIST Bridge             :32768.4c1f-cc07-3475
Config Times            :Hello 2s MaxAge 20s FwDly 15s MaxHop 20
Active Times            :Hello 2s MaxAge 20s FwDly 15s MaxHop 20
CIST Root/ERPC          :0      .4c1f-ccd2-2008 / 20000
CIST RegRoot/IRPC       :32768.4c1f-cc07-3475 / 0
CIST RootPortId         :128.1
BPDU-Protection         :Disabled
TC or TCN received      :275
TC count per hello      :0
STP Converge Mode       :Normal
Time since last TC      :0 days 0h:6m:25s
Number of TC            :29
Last TC occurred        :GigabitEthernet0/0/1
----[Port1(GigabitEthernet0/0/1)][FORWARDING]----
 Port Protocol          :Enabled
 Port Role              :Root Port
 Port Priority          :128
 Port Cost(Dot1T )      :Config = auto / Active = 20000 //G0/0/1 的端口开销是 20 000
 Designated Bridge/Port :0.4c1f-ccd2-2008 / 128.1
 Port Edged             :Config = default / Active = disabled
 Point-to-point         :Config = auto / Active = true
 Transit Limit          :147 packets/hello-time
 Protection Type        :None
 ---- More----


[LSW2]display stp interface g0/0/2
-------[CIST Global Info][Mode STP]-------
CIST Bridge             :32768.4c1f-cc07-3475
Config Times            :Hello 2s MaxAge 20s FwDly 15s MaxHop 20
Active Times            :Hello 2s MaxAge 20s FwDly 15s MaxHop 20
CIST Root/ERPC          :0      .4c1f-ccd2-2008 / 20000
CIST RegRoot/IRPC       :32768.4c1f-cc07-3475 / 0
CIST RootPortId         :128.1
BPDU-Protection         :Disabled
TC or TCN received      :275
TC count per hello      :0
STP Converge Mode       :Normal
```

```
Time since last TC        :0 days 0h:12m:55s
Number of TC              :29
Last TC occurred          :GigabitEthernet0/0/1
    ---- [Port2(GigabitEthernet0/0/2)][DISCARDING] ----
  Port Protocol           :Enabled
  Port Role               :Alternate Port
  Port Priority           :128
  Port Cost(Dot1T )       :Config = auto / Active = 20000 //G0/0/2 的端口开销是 20 000
  Designated Bridge/Port  :0.4c1f - ccd2 - 2008 / 128.2
  Port Edged              :Config = default / Active = disabled
  Point - to - point      :Config = auto / Active = true
  Transit Limit           :147 packets/hello - time
  Protection Type         :None
    ---- More ----
```

上面的信息显示,G0/0/1 端口开销和 G0/0/2 端口开销都是 20 000,由于桥 ID 一样,从 G0/0/1 端口收到的 BPDU 包的端口 ID 较小,所以 G0/0/1 端口被选举为根端口。在 LSW2 的 G0/0/1 端口下修改端口开销为 50 000,大于 G0/0/2 端口开销,G0/0/2 端口被选举为根端口。

```
[LSW2]interface GigabitEthernet 0/0/1
[LSW2 - GigabitEthernet0/0/1]stp cost 50000
[LSW2]display stp
    ------- [CIST Global Info][Mode STP] -------
  CIST Bridge             :32768.4c1f - cc07 - 3475
  Config Times            :Hello 2s MaxAge 20s FwDly 15s MaxHop 20
  Active Times            :Hello 2s MaxAge 20s FwDly 15s MaxHop 20
  CIST Root/ERPC          :0     .4c1f - ccd2 - 2008 / 20000
  CIST RegRoot/IRPC       :32768.4c1f - cc07 - 3475 / 0
  CIST RootPortId         :128.2
  BPDU - Protection       :Disabled
  TC or TCN received      :310
  TC count per hello      :0
  STP Converge Mode       :Normal
  Time since last TC      :0 days 0h:2m:16s
  Number of TC            :31
  Last TC occurred        :GigabitEthernet0/0/2
    ---- [Port1(GigabitEthernet0/0/1)][DISCARDING] ----
  Port Protocol           :Enabled
  Port Role               :Alternate Port
  Port Priority           :128
```

```
        Port Cost(Dot1T )     :Config = 50000 / Active = 50000

        Designated Bridge/Port   :0.4c1f - ccd2 - 2008 / 128.1

        Port Edged          :Config = default / Active = disabled

        Point - to - point    :Config = auto / Active = true

        Transit Limit        :147 packets/hello - time

        Protection Type      :None

        Port STP Mode        :STP

        Port Protocol Type   :Config = auto / Active = dot1s

        BPDU Encapsulation   :Config = stp / Active = stp

        PortTimes           :Hello 2s MaxAge 20s FwDly 15s RemHop 0

        TC or TCN send       :38

        TC or TCN received   :126

        BPDU Sent           :163

              TCN: 3, Config: 160, RST: 0, MST: 0

        BPDU Received       :8054

              TCN: 0, Config: 8054, RST: 0, MST: 0
----[Port2(GigabitEthernet0/0/2)][FORWARDING]----

        Port Protocol        :Enabled

        Port Role           :Root Port

        Port Priority        :128

        Port Cost(Dot1T )     :Config = auto / Active = 20000

        Designated Bridge/Port   :0.4c1f - ccd2 - 2008 / 128.2

        Port Edged          :Config = default / Active = disabled

        Point - to - point    :Config = auto / Active = true

        Transit Limit        :147 packets/hello - time

        Protection Type      :None

        Port STP Mode        :STP

        Port Protocol Type   :Config = auto / Active = dot1s

        BPDU Encapsulation   :Config = stp / Active = stp

        PortTimes           :Hello 2s MaxAge 20s FwDly 15s RemHop 0
 ---- More ----
```

修改端口开销后,G0/0/2 端口被选举为根端口。

```
[LSW2]display stp brief
 MSTID  Port                   Role   STP State    Protection
    0   GigabitEthernet0/0/1    ALTE   DISCARDING    NONE
    0   GigabitEthernet0/0/2    ROOT   FORWARDING    NONE
    0   GigabitEthernet0/0/3    DESI   FORWARDING    NONE
```

(2) 将 G0/0/2 端口开销调小,如果已经将 G0/0/1 端口开销调大了,需要将它恢复为默认值,然后将 G0/0/2 端口开销调小为 10 000,选举 G0/0/2 端口为根端口。

```
[LSW2]interface GigabitEthernet 0/0/1              //恢复端口开销为默认值
[LSW2-GigabitEthernet0/0/1]stp cost 20000

[LSW2]display stp brief
  MSTID   Port                        Role   STP State    Protection
    0     GigabitEthernet0/0/1        ROOT   DISCARDING   NONE
    0     GigabitEthernet0/0/2        ALTE   DISCARDING   NONE
    0     GigabitEthernet0/0/3        DESI   FORWARDING   NONE
[LSW2]interface GigabitEthernet 0/0/2
[LSW2-GigabitEthernet0/0/2]stp cost 10000    //将端口开销修改为10 000,小于G0/0/1端口
[LSW2-GigabitEthernet0/0/2]quit
[LSW2]display stp brief                       //查看根端口是否为G0/0/2
  MSTID   Port                        Role   STP State    Protection
    0     GigabitEthernet0/0/1        ALTE   DISCARDING   NONE
    0     GigabitEthernet0/0/2        ROOT   DISCARDING   NONE
    0     GigabitEthernet0/0/3        DESI   DISCARDING   NONE
```

6.6　常见问题与解决方法

1. 常见问题

（1）问题一

根路径开销和路径开销的区别是什么？

（2）问题二

根桥产生故障后,其他交换机会被选举为根桥,那么原来的根桥恢复正常之后,网络会发生什么变化？

2. 解决方法

（1）问题一的解决方法

根路径开销是到根桥的路径的总开销,而路径开销指的是交换机端口的开销。

（2）问题二的解决方法

如果生成树网络里根桥发生了故障,那么其他交换机中优先级较高的交换机会被选举为新的根桥。如果原来的根桥再次激活,网络会根据BID来重新选举新的根桥。

6.7　创 新 训 练

6.7.1　训练目的

理解生成树协议的工作原理;配置三台交换机之间的冗余主干道,对运行的生成树协议进行诊断。

6.7.2   训练拓扑

拓扑结构如图 6-2 所示。图中，LSW3、LSW4、LSW5 都为 S5700，LSW3 为三层交换机，LSW4 和 LSW5 为二层交换机。对交换机进行 STP 配置，并运行相关命令对其诊断，同时实现全网互通。

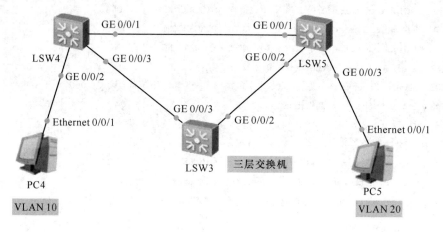

图 6-2   拓扑结构图

6.7.3   训练要求

1. 网络布线

根据拓扑图进行网络布线。

2. 实验编址

根据网络拓扑图设计网络设备的 IP 编址，填写表 6-4 所示地址表，根据需要填写，不需要的填写×。

表 6-4   设备配置地址表

设 备	接 口	IP 地址	子网掩码	网 关	接口类型
LSW3	G0/0/2				
	G0/0/3				
	interface VLANIF 10				
	interface VLANIF 20				
LSW4	G0/0/1				
	G0/0/2				
	G0/0/3				
LSW5	G0/0/1				
	G0/0/2				
	G0/0/3				
PC4	Ethernet0/0/1				
PC5	Ethernet0/0/1				

3. 主要步骤

(1) 搭建训练环境,根据表6-4填写的IP地址,进行PC4、PC5地址设置。

(2) 在交换机LSW4上配置。

① 配置交换机名。

② 创建VLAN,配置交换机接口类型。

③ 配置交换机STP协议。

(3) 在交换机LSW5上配置。

① 配置交换机名。

② 创建VLAN,配置交换机接口类型。

③ 配置交换机STP协议。

(4) 在交换机LSW3上配置。

① 配置交换机名。

② 创建VLAN,配置交换机接口类型。

③ 配置交换机虚拟端口。

④ 配置交换机STP协议。

(5) 查看运行生成树协议,并进行诊断。

(6) 验证测试。

PC4 ping通PC5。

第二篇

路由基础篇

重要知识

实训 7 路由器的基本配置

7.1 实训背景

某 IT 公司网络中心管理员设置了中心路由器口令后,很长时间没有登录路由器,由于时间较长,忘记了密码,当再次登录设备时无法正常访问路由器,而和路由器相连的各网段的网络能够正常工作。于是该管理员利用周末时间,试图对这台路由器进行口令恢复。本任务重点解决路由器密码丢失情况下,如何恢复密码的问题。

7.2 技能知识

7.2.1 路由器概述

路由器是网络层中最典型的设备,它决定了数据包在网络中传输的路径。在接收到数据包时,路由器会查看数据包的目的网络层地址,然后根据路由表的本地数据库,判断如何转发这个数据包。在路由器与路由器之间进行数据传输必须执行路由协议标准,以便在路由器之间同步信息。

7.2.2 路由表

路由表是路由器转发数据包的数据库,当路由器接收到一个数据包时,它会用数据包的目的 IP 地址去匹配路由表中的路由条目,然后根据匹配条目的路由参数决定如何转发这个数据包。

查看路由器的路由表十分简单,管理员只需在系统视图下输入命令 display ip routing-table 就可以让华为路由器显示出自己的路由表。

7.2.3 路由信息的来源

从路由器向路由表中填充路由条目的方式看,路由信息的来源可以分为 3 种,分别是直连路由、静态路由、动态路由。

- 直连路由:只要连接该网络的接口状态正常,管理员就不需要进行任何配置,直连路由就会出现在路由表中。
- 静态路由:静态路由需要管理员通过命令手动添加到路由表中。
- 动态路由:动态路由是路由器从邻居路由器那里学习过来的路由。

7.2.4 命令行视图

1. 用户视图

```
<Huawei>
```

当管理员登录进入华为路由器时,会进入默认的用户视图。由用户视图的标识尖括号进行标记,设备的名称位于一对尖括号中。

2. 进入系统视图

```
<Huawei> system - view
Enter system view, return user view with Ctrl + Z.
[Huawei]
```

在用户视图中输入关键字 system-view,进入系统视图。系统视图由方括号进行标记,设备的名称位于一对方括号中。如果要返回上一视图,可以输入关键字 quit 退出。

无论当前处于哪一种视图的配置模式下,按"Ctrl+Z"组合键都会退回到登录设备时默认的用户视图中。

3. 进入和退出以太网接口视图

```
[Huawei]interface Ethernet0/0/0
[Huawei - Ethernet0/0/0]quit
```

在系统视图中输入命令"interface 接口类型接口编号",进入相应的接口的视图中。上面演示命令输入 interface Ethernet0/0/0,进入编号为 Ethernet0/0/0 的以太网接口。如果要退出该接口视图,输入关键字 quit 退出。

4. 二层接口与三层接口相互切换

```
[Huawei]interface Ethernet0/0/0
[Huawei - Ethernet0/0/0]undo portswitch
```

在默认情况下,AR201 系列路由器接口 Ethernet0/0/0 为二层以太网接口。二层以太网接口不可以直接配置 IP 地址,网管员可以通过 undo portswitch 命令将接口 Ethernet 0/0/0从二层模式切换到三层模式,如果要从三层模式再切换到二层模式可以使用关键字 portswitch。

5. 配置 IP 地址

```
[Huawei]interface Ethernet0/0/0
[Huawei - Ethernet0/0/0]ip address 192.168.0.1 255.255.255.0
```

管理员需要在相应接口的视图中输入"ip address IP 地址掩码"来给接口配置 IP。对于华为设备,其接口默认处于打开状态,如果要对接口状态切换,可在相应视图下输入命令 shutdown 关闭接口,输入命令 undo shutdown 打开接口。

6. Console 接口配置

```
[Huawei]user - interface console 0
[Huawei - ui - console0]authentication - mode password
```

```
Please configure the login password (maximum length 16):DMGG
[Huawei-ui-console0]
```

或

```
[Huawei]user-interface console 0
[Huawei-ui-console0]set authentication password cipher DMGG
[Huawei-ui-console0]
```

Console 接口的密码认证登录方式有两种："authentication-mode password"或"set authentication password cipher ＊＊＊＊＊",此处"＊＊＊＊＊"为输入密码,上面的演示密码为"DMGG"。

使用 authentication-mode password,系统会自动要求输入密码,上面演示密码为"DMGG"。

7. Telnet 密码配置

```
[Huawei]user-interface vty 0 4
[Huawei-ui-vty0-4]authentication-mode password
Please configure the login password (maximum length 16):dmgg
[Huawei-ui-vty0-4]user privilege level 3
[Huawei-ui-vty0-4]
```

或

```
[Huawei]user-interface vty 0 4
[Huawei-ui-vty0-4]set authentication password cipher dmgg
[Huawei-ui-vty0-4]user privilege level 3
[Huawei-ui-vty0-4]
```

Telnet 密码配置与 Console 接口配置命令相似,把参数 console 0 换成了 vty 0 4,进入了从编号 0 到编号 4 的 5 个虚拟接口配置视图中,设置了密码验证,分配了管理级"3"的用户级别。

8. 保存配置文件

```
<Huawei>save
  The current configuration will be written to the device.
  Are you sure to continue? (y/n)[n]:y
  It will take several minutes to save configuration file, please wait...
  Configuration file had been saved successfully
  Note: The configuration file will take effect after being activated
<Huawei>
```

在设备上的配置基本上会即刻生效,一旦设备重启,没有保存的配置就会消失。保存配置的命令非常简单,管理员只要在用户视图下输入关键字 save,然后按提示保存即可。

9. 清空配置文件

```
<Huawei>reset saved-configuration
This will delete the configuration in the flash memory.
```

```
The device configuratio
ns will be erased to reconfigure.

Are you sure? (y/n)[n]:y
  Clear the configuration in the device successfully.
<Huawei>
```

如果管理员希望将设备的配置文件清空,需要在用户视图下输入命令 reset saved-configuration 来删除已经配置的文件。

10. 测试网络连通性

```
<AR2> ping 192.168.0.1
  PING 192.168.0.1: 56   data bytes, press CTRL_C to break
    Reply from 192.168.0.1: bytes = 56 Sequence = 1 ttl = 255 time = 470 ms
    Reply from 192.168.0.1: bytes = 56 Sequence = 2 ttl = 255 time = 50 ms
    Reply from 192.168.0.1: bytes = 56 Sequence = 3 ttl = 255 time = 50 ms
    Reply from 192.168.0.1: bytes = 56 Sequence = 4 ttl = 255 time = 50 ms
    Reply from 192.168.0.1: bytes = 56 Sequence = 5 ttl = 255 time = 60 ms


  --- 192.168.0.1 ping statistics ---
    5 packet(s) transmitted
    5 packet(s) received
    0.00 % packet loss
    round - trip min/avg/max = 50/136/470 ms
```

在路由器上可以用"ping+被测 IP 地址",测试某个地址的可达性。

11. 跟踪路径

```
<AR2> tracert 192.168.0.1

  traceroute to   192.168.0.1(192.168.0.1), max hops: 30 ,
  packet length: 40,press CTRL_C to break

  1 192.168.0.1 120 ms   50 ms   60 ms
<AR2>
```

使用 traceroute 命令可以检测出路径的最终目的地址不可达的原因。

12. 查看路由表

```
[AR1]display ip routing - table
Route Flags: R - relay, D - download to fib
```

```
Routing Tables: Public
        Destinations : 7        Routes : 7
```

```
         Destination/Mask    Proto   Pre  Cost     Flags NextHop        Interface

            127.0.0.0/8      Direct  0    0          D   127.0.0.1      InLoopBack0
            127.0.0.1/32     Direct  0    0          D   127.0.0.1      InLoopBack0
      127.255.255.255/32     Direct  0    0          D   127.0.0.1      InLoopBack0
          192.168.0.0/24     Direct  0    0          D   192.168.0.1    Ethernet0/0/0
          192.168.0.1/32     Direct  0    0          D   127.0.0.1      Ethernet0/0/0
        192.168.0.255/32     Direct  0    0          D   127.0.0.1      Ethernet0/0/0
      255.255.255.255/32     Direct  0    0          D   127.0.0.1      InLoopBack0
```

在路由器中输入命令 display ip routing-table,可以查看路由表中的路由条目。路由表是路由器转发数据包的依据,是与路由器功能关系最紧密的数据库。查看和分析路由器的路由表是网络管理员不可或缺的日常工作。

7.3　案例需求

本案例需要两台路由器(一台扮演公司路由器,另一台扮演客户端)。
实训目的:
- 了解路由表与路由条目。
- 理解路由信息的 3 种来源。
- 掌握路由器基本配置命令。
- 掌握路由器口令及密码配置。
- 掌握路由器口令恢复方法。

7.4　拓扑设备

配置拓扑如图 7-1 所示,设备配置地址如表 7-1 所示,本案例所选路由器设备为 AR201两台(AR1 为公司路由器,AR2 为模拟客户端)。

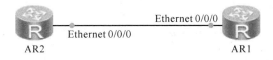

图 7-1　路由器基本配置

表 7-1　设备配置地址

设　备	接　口	IP 地址	子网掩码
AR1	Ethernet0/0/0	192.168.0.1	255.255.255.0
AR2	Ethernet0/0/0	192.168.0.2	255.255.255.0

7.5 案例实施

创建基本路由器的配置案例如下。

1. 配置路由器 AR1

(1) 键入 system-view 命令进入系统视图。双击路由器 AR1,在< Huawei >提示符下输入 system-view 命令,进入系统视图模式下。

```
< Huawei > system - view
Enter system view, return user view with Ctrl + Z.
[Huawei]
```

(2) 配置路由器的名称。进入系统视图,使用命令 hostname AR1 配置路由器名称,具体配置步骤如下。

```
[Huawei]sysname AR1
[AR1]
```

(3) 配置路由器接口的 IP 地址。路由器接口 Ethernet0/0/0 的 IP 地址设置为192.168.0.1,子网掩码为 255.255.255.0。如果路由器接口是二层接口模式,需要使用关键字 portswitch 切换到三层接口。具体配置步骤如下。

```
[AR1]interface Ethernet0/0/0
[AR1 - Ethernet0/0/0]ip address 192.168.0.1 255.255.255.0
[AR1 - Ethernet0/0/0]quit
```

(4) 配置 Telnet 远程访问密码。进入用户界面视图,设置认证方式为密码验证方式,设置登录验证的 password 密码为"DMGG",系统默认 VTY 登录方式用户级别为 0,设置为 3 才能进入系统视图,具体配置步骤如下。

```
[AR1]user - interface vty 0 4
[AR1 - ui - vty0 - 4]authentication - mode password
Please configure the login password (maximum length 16):DMGG
[AR1 - ui - vty0 - 4]
```

(5) 配置 Console。进入用户界面视图,设置本地登录密码,设置登录验证的 password 密码为"GGDM",具体配置步骤如下。

```
[AR1]user - interface console 0
[AR1 - ui - console0]authentication - mode password
Please configure the login password (maximum length 16):GGDM
[AR1 - ui - console0]
```

(6) 保存配置。

```
< AR1 > save
    The current configuration will be written to the device.
```

```
Are you sure to continue? (y/n)[n]:y

It will take several minutes to save configuration file, please wait...

Configuration file had been saved successfully

Note：The configuration file will take effect after being activated
<AR1 >
```

2. 配置客户端 AR2

本次实验使用路由器 AR2 作为客户端，模拟 Telnet 远程登录。

（1）配置 AR2 的名称。进入系统视图，使用命令 hostname AR2 配置路由器名称，具体配置步骤如下。

```
[Huawei]sysname AR2
[AR2]
```

（2）配置 AR2 的 IP 地址。路由器 AR2 接口 Ethernet0/0/0 的 IP 地址设置为192.168.0.2，子网掩码为 255.255.255.0。如果路由器接口是二层接口模式，需要使用关键字 portswitch 切换到三层接口。具体配置步骤如下。

```
[AR2]interface Ethernet0/0/0
[AR2 - Ethernet0/0/0]ip address 192.168.0.2 255.255.255.0
[AR2 - Ethernet0/0/0]quit
```

3. 测试验证

（1）Telnet 远程登录。在客户端 AR2 中输入 telnet 192.168.0.1，显示成功登录，结果如下所示。

```
<AR2 >telnet 192.168.0.1
    Press CTRL_] to quit telnet mode
    Trying 192.168.0.1 ...
    Connected to 192.168.0.1 ...


Login authentication


Password：DMGG
<AR1 >
```

（2）本地登录。完全退出路由器 AR1 登录界面，再次登录时要求输入密码。

```
<AR1 >


    Please check whether system data has been changed, and save data in time


    Configuration console time out, please press any key to log on


```

```
Login authentication


Password:GGDM
```

7.6 常见问题与解决方法

1. 常见问题

(1) 问题一

路由器用户登录后超时时间是多少？怎样修改空闲超时时间？

(2) 问题二

路由器 Console 接口登录密码忘记怎么办？

(3) 问题三

路由器 Telnet 登录密码忘记怎么办？

2. 解决方法

(1) 问题一的解决方法

在默认情况下,路由器默认超时时间为 5 min。执行命令 idle-timeout minutes[seconds]来设置用户界面断连的超时时间。

如果管理员需要设置 Console 接口空闲超时时间为 15 min,可执行如下主要操作步骤:

```
[AR1]user - interface console 0
[AR1 - ui - console0]idle - timeout 15 0
```

(2) 问题二的解决方法

如果路由器 Console 接口登录密码忘记了,可以通过 Telnet 登录设备修改 Console 接口密码;或恢复出厂设置,重新配置。

(3) 问题三的解决方法

如果路由器 Telnet 登录密码忘记了,可以通过 Console 接口登录设备修改 Telnet 密码;或恢复出厂设置,重新配置。

7.7 创 新 训 练

7.7.1 训练目的

熟悉路由器的各个视图模式,熟悉设备改名命令 sysname、测试网络连通性命令 ping、跟踪路径命令 tracert、查看路由表命令 display ip routing 的使用,学会使用帮助,记住常用的快捷键。

7.7.2 训练拓扑

拓扑结构如图 7-2 所示。

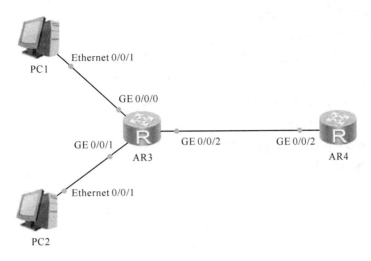

图 7-2 拓扑结构图

7.7.3 训练要求

1. 网络布线

根据拓扑图进行网络布线(路由器型号使用 AR2220)。

2. 实验编址

根据网络拓扑图设计网络设备的 IP 编址,填写表 7-2 所示地址表,根据需要填写,不需要的填写×。

表 7-2 设备配置地址表

设 备	接 口	IP 地址	子网掩码	网 关
AR3	GigabitEthernet 0/0/0			
	GigabitEthernet 0/0/1			
	GigabitEthernet 0/0/2			
AR4	GigabitEthernet 0/0/2			
PC1	Ethernet 0/0/1			
PC2	Ethernet 0/0/1			

3. 主要步骤

(1) 搭建训练环境,根据表 7-2 填写的 IP 地址,设置 PC1、PC2 的 IP 地址、子网掩码以及网关。

(2) 在路由器 AR3 上配置。

① 配置路由器名 AR3。

② 在路由器 AR3 上配置端口 GE 0/0/0、GE 0/0/1、GE 0/0/2 IP 的地址。

③ 配置路由器 AR3 Console 接口。

④ 配置路由器 AR3 Telnet 密码。

（3）在模拟客户端路由器 AR4 上配置。

① 配置路由器名 AR4。

② 在路由器 AR4 上配置端口 GE 0/0/2 IP 地址。

（4）验证测试。

① 使用 ping 命令测试主机 PC1 与 PC2 之间的通信。

② 使用 tracert 命令跟踪路径。

③ 使用 display ip routing 查看路由表。

④ 在模拟客户端 AR4 Telnet 登录测试。

实训 8 静态路由的配置

8.1 实训背景

某公司有一个总部和两个分支机构。其中 AR1 为总部路由器,总部有一个网段,AR2、AR3 为分支机构。AR1 通过以太网和串行线缆与分支机构相连,分支机构之间也通过串行线缆实现互连。

因为网络规模较小,所以采用静态路由和浮动静态路由的方式实现网络互通。

8.2 技能知识

8.2.1 静态路由概述

静态路由是指由管理员手动配置和维护的路由。静态路由配置简单,并且无须像动态路由那样占用路由器的 CPU 资源来计算和分析路由更新。静态路由是一种需要管理员手工配置的特殊路由。当网络结构比较简单时,只需配置静态路由就可以使网络正常工作。使用静态路由可以改进网络的性能,并可为重要的应用保证带宽。

路由备份,也叫浮动静态路由,在配置去往相同目的网段的多条静态路由时,可以修改静态路由的优先级,使一条静态路由的优先级高于其他静态路由,从而实现静态路由的备份。即在主路由失效的情况下,提供备份路由。在正常情况下,备份路由不会出现在路由表中。静态路由默认优先级为 60,值越大优先级越低。

负载均衡,当源网络和目的网络之间存在多条链路时,可以通过等价路由来实现流量负载分担,从而实现数据分流,减轻单条路径过重的负载。而当其中某一条路径失效时,其他路径仍然能够正常传输数据。这些等价路由具有相同的目的网络和掩码、优先级和度量值。

默认路由,当路由表中没有与报文的目的地址匹配的表项时,设备可以选择默认路由作为报文的转发路径。在路由表中,默认路由的目的网络地址为 0.0.0.0,掩码也为 0.0.0.0。默认静态路由的默认优先级也是 60。在路由选择过程中,默认路由会被最后匹配。

8.2.2 静态路由的特点

因为静态路由的配置比较简单,决定了静态路由也包含了许多特点。可以说静态路由的配置全由管理员自己说了算,想怎么配就怎么配,只要符合静态路由配置命令格式即可,因为静态路由的算法全在网络管理员的大脑中,并不是由路由器自动学习来完成的。至于所配置的静态路由是否合适,是否能达到预期的目的那就另当别论。在配置和应用静态路由时,我们应当全面地了解静态路由的以下主要特点,否则可能在遇到故障时总也想不通为什么。

1.手动配置

静态路由需要网络管理员根据实际需要一条条地手动配置,路由器不会自动生成所需的静态路由。静态路由包括目标节点或目标网络的 IP 地址,还可以包括下一跳 IP 地址(通常是下一个路由器与本地路由器连接的接口 IP 地址),以及在本路由器上使用该静态路由时的数据包出接口等。

2.路由路径相对固定

因为静态路由是手动配置的、静态的,所以每个配置的静态路由在本地路由器上的路径基本上是不变的,除非由网络管理员自己修改。另外,当网络的拓扑结构或链路的状态发生变化时,这些静态路由也不能自动修改,需要网络管理员手动修改路由表中相关的静态路由信息。

3.永久存在

因为静态路由是由管理员手动创建的,所以一旦创建完成,它会永久在路由表中存在。除非网络管理员自己删除了它,或者由静态路由指定的出接口关闭,或者下一跳 IP 地址不可达。

4.不可通告性

静态路由信息在默认情况下是私有的,不会通告给其他路由器,也就是当在一个路由器上配置了某条静态路由时,它不会被通告到网络中相连的其他路由器上。但网络管理员还是可以通过重发布静态路由为其他动态路由,使网络中其他路由器也可获此静态路由。

5.单向性

静态路由具有单向性,也就是它仅为数据提供沿着下一跳的方向进行路由,不提供反向路由。所以如果想要使源节点与目标节点的网络进行双向通信,就必须同时配置回程静态路由。在现实中经常发现这样的问题,明明配置了到达某节点的静态路由,可还是 ping 不通,其中一个重要原因是没有配置回程静态路由。

6.接力性

如果某条静态路由中间经过的跳数大于1(也就是整条路由路径经历了三个或以上路由器节点),则必须在除最后一个路由器外的其他路由器上依次配置到达相同目标节点或目标网络的静态路由,这就是静态路由的"接力"特性,否则仅在源路由器上配置静态路由还是不可达的。

7.递归性

许多读者一直存在一个错误的认识,认为静态路由的"下一跳"必须是与本地路由直接连接的下一个路由器接口,其实这是片面的。它的下一跳是路径中其他路由器中的任意一个接口,只要能保证到达下一跳就行了。这就是静态路由的"递归性"。

8.优先级较高

因为静态路由明确指出了到达目标网络或者目标节点的路由路径,所以在所有相同目的地址的路由中,静态路由的优先级是除"直连路由"外最高的,也就是如果配置了到达某一网络或者某一节点的静态路由,则优先采用这条静态路由,只有当这条静态路由不可用时才会考虑选择其他的路由。

9. 适用于小型网络

静态路由一般适用于比较简单的小型网络环境,因为在这样的环境中,网络管理员易于清楚地了解网络的拓扑结构,便于设置正确的路由信息。同时小型网络所需配置的静态路由条目不会太多。如果网络规模较大,拓扑结构比较复杂,则不宜采用静态路由,因为这样的配置工作量实在太大。

8.2.3　静态路由的缺点

静态路由的缺点在于:它们需要在路由器上手动配置,如果网络结构复杂或者跳数较多,仅通过静态路由来实现路由,则要配置的静态路由可能非常多,还可能造成路由环路;如果网络拓扑结构发生改变,路由器上的静态路由必须跟着改变,否则原来配置的静态路由将可能失效。

8.2.4　命令行视图

1. 静态路由命令格式

配置静态路由命令,实施步骤如表 8-1 所示。

表 8-1　静态路由配置过程

步　骤	命　令	解　释
1	system-view	进入系统视图
2	ip route-static *dest-address* { *mask* ｜ *mask-length* } { *nexthop-address* ｜ *interface-type interface-number* } [preference *preference-value*]	配置IPv4为静态路由。命令解释:<目标网络地址><子网掩码><下一跳地址或到达目标的出接口><管理距离>

2. 检查配置结果

在配置完静态路由之后,可以使用命令来验证配置结果,如表 8-2 所示。

表 8-2　静态路由检查配置

序　号	命　令	解　释
1	system-view	进入系统视图
2	display ip routing-table	查看路由表
3	display ip routing-table protocol static	查看路由表中的静态路由条目

8.3　案例需求

本案例需要三台路由器、两台 PC。路由器 AR1 扮演公司总部,路由器 AR2 和 AR3 扮演分支机构,两台 PC 分别扮演两个分部公司中的办公网络。AR1、AR2、AR3 之间使用串行线缆连接。

实训目的:

- 了解静态路由工作场景。
- 熟悉静态路由的主要特点。

- 掌握配置静态路由的命令。
- 理解浮动静态路由的应用场景。
- 掌握配置浮动静态路由的方法。
- 掌握测试浮动静态路由的方法。

8.4　拓扑设备

案例配置拓扑如图 8-1 所示,设备配置地址如表 8-3 所示,本案例所选路由器设备为两台 AR2220(需要在设备里添加串口模块,设备停止后,选中设备-右键-设置-eNSP 支持的接口卡-选中 2SA 模块,拖动到上面的视图当中)、两台终端设备 PC(所在的网段分别模拟两个分部中的办公网络)。

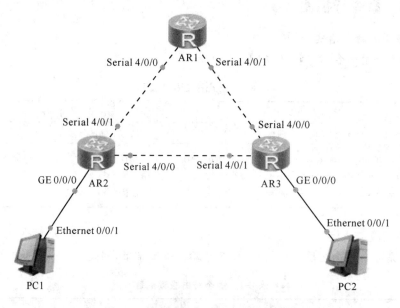

图 8-1　静态路由与浮动静态路由拓扑

表 8-3　设备编制

设　备	接　口	IP 地址	子网掩码	网　关
AR1	S4/0/0	12.1.1.1	255.255.255.0	×
	S4/0/1	13.1.1.1	255.255.255.0	×
AR2	S4/0/0	23.1.1.2	255.255.255.0	×
	S4/0/1	12.1.1.2	255.255.255.0	×
	G0/0/0	22.1.1.2	255.255.255.0	×
AR3	S4/0/0	13.1.1.3	255.255.255.0	×
	S4/0/1	23.1.1.3	255.255.255.0	×
	G0/0/0	33.1.1.3	255.255.255.0	×
PC1	Ethernet0/0/1	22.1.1.22	255.255.255.0	22.1.1.2
PC2	Ethernet0/0/1	33.1.1.33	255.255.255.0	33.1.1.3

8.5 案 例 实 施

8.5.1 静态路由的配置

1. 基本配置

根据设备编制进行相应的配置。

```
< Huawei > system - view          //配置路由器 AR1
Enter system view, return user view with Ctrl + Z.
[Huawei]sysname AR1
[AR1]interface Serial 4/0/0
[AR1 - Serial4/0/0]ip address 12.1.1.1 24
[AR1 - Serial4/0/0]interface Serial 4/0/1
[AR1 - Serial4/0/1]ip address 13.1.1.1 24
[AR1 - Serial4/0/1]


< Huawei > system - view          //配置路由器 AR2
Enter system view, return user view with Ctrl + Z.
[Huawei]sysname AR2
[AR2]interface Serial 4/0/1
[AR2 - Serial4/0/1]ip address 12.1.1.2 24
[AR2 - Serial4/0/1]quit
[AR2]interface GigabitEthernet 0/0/0
[AR2 - GigabitEthernet0/0/0]ip address 22.1.1.2 24
Jul 21 2018 10:18:18 - 08:00 AR2 %% 01IFNET/4/LINK_STATE(1)[0]:The line protocol IP
  on the interface GigabitEthernet0/0/0 has entered the UP state.
[AR2 - GigabitEthernet0/0/0]


< Huawei > system - view              //配置路由器 AR3
Enter system view, return user view with Ctrl + Z.
[Huawei]sysname AR3
[AR3]interface Serial 4/0/0
[AR3 - Serial4/0/0]ip address 13.1.1.3 24
[AR3 - Serial4/0/0]
 Jul 21 2018 09:48:36 - 08:00 AR3 %% 01IFNET/4/LINK_STATE(1)[0]:The line protocol PPP IPCP on
the interface Serial4/0/0 has entered the UP state.
[AR3 - Serial4/0/0]quit
[AR3]interface GigabitEthernet 0/0/0
[AR3 - GigabitEthernet0/0/0]ip address 33.1.1.3 24
 Jul 21 2018 10:16:34 - 08:00 AR3 %% 01IFNET/4/LINK_STATE(1)[0]:The line protocol IP on the
interface GigabitEthernet0/0/0 has entered the UP state.
[AR3 - Serial4/0/0]
```

2. 配置静态路由

在每台路由器上配置静态路由协议，实现总部与两分部、两分部间的通信。

- 正向路由：在 AR2 上配置目的网段为主机 PC2 所在的网段的静态路由。
- 正向接力路由：在 AR1 上配置目的网段为主机 PC2 所在的网段的静态路由。
- 回程路由：在 AR3 上配置目的网段为主机 PC1 所在的网段的静态路由。
- 回程接力路由：在 AR1 上配置目的网段为主机 PC1 所在的网段的静态路由。

```
[AR2]ip route－static 33.1.1.0 24 Serial 4/0/1 //正向路由
[AR1]ip route－static 33.1.1.0 24 Serial 4/0/1 //正向接力路由


[AR3]ip route－static 22.1.1.0 255.255.255.0 13.1.1.1 //回程路由
[AR1]ip route－static 22.1.1.0 24 Serial 4/0/0 //回程接力路由
```

配置完成后，查看 AR1 的路由表。

```
<AR1>display ip routing－table
Route Flags: R－relay, D－download to fib
_____

Routing Tables: Public
        Destinations : 14        Routes : 14


Destination/Mask      Proto   Pre  Cost      Flags  NextHop       Interface

      12.1.1.0/24     Direct   0    0          D    12.1.1.1      Serial4/0/0
      12.1.1.1/32     Direct   0    0          D    127.0.0.1     Serial4/0/0
      12.1.1.2/32     Direct   0    0          D    12.1.1.2      Serial4/0/0
    12.1.1.255/32     Direct   0    0          D    127.0.0.1     Serial4/0/0
      13.1.1.0/24     Direct   0    0          D    13.1.1.1      Serial4/0/1
      13.1.1.1/32     Direct   0    0          D    127.0.0.1     Serial4/0/1
      13.1.1.3/32     Direct   0    0          D    13.1.1.3      Serial4/0/1
    13.1.1.255/32     Direct   0    0          D    127.0.0.1     Serial4/0/1
      22.1.1.0/24     Static  60    0          D    12.1.1.1      Serial4/0/0
      33.1.1.0/24     Static  60    0          D    13.1.1.1      Serial4/0/1
     127.0.0.0/8      Direct   0    0          D    127.0.0.1     InLoopBack0
     127.0.0.1/32     Direct   0    0          D    127.0.0.1     InLoopBack0
 127.255.255.255/32   Direct   0    0          D    127.0.0.1     InLoopBack0
 255.255.255.255/32   Direct   0    0          D    127.0.0.1     InLoopBack0
```

可以观察到，在 AR1 的路由表中存在以主机 PC1、PC2 所在网段为目的的路由条目，它们的下一跳路由器分别为 AR2、AR3。

3. 验证配置效果

验证两分部之间的连通性，在 PC1 上测试与 PC2 间的连通性。

```
PC > ping 33.1.1.33

Ping 33.1.1.33：32 data bytes，Press Ctrl_C to break
From 33.1.1.33：bytes = 32 seq = 1 ttl = 125 time = 16 ms
From 33.1.1.33：bytes = 32 seq = 2 ttl = 125 time = 31 ms
From 33.1.1.33：bytes = 32 seq = 3 ttl = 125 time = 15 ms
From 33.1.1.33：bytes = 32 seq = 4 ttl = 125 time = 15 ms
From 33.1.1.33：bytes = 32 seq = 5 ttl = 125 time = 16 ms

--- 33.1.1.33 ping statistics ---
    5 packet(s) transmitted
    5 packet(s) received
    0.00 % packet loss
    round - trip min/avg/max = 15/18/31 ms
PC >
```

两分部之间通信正常，在主机 PC1 上使用 tracert 命令测试所经过的网关。

```
PC > tracert 33.1.1.33

traceroute to 33.1.1.33，8 hops max
(ICMP)，press Ctrl + C to stop
  1  22.1.1.2   16 ms  15 ms  < 1 ms
  2  12.1.1.1   16 ms  31 ms  16 ms
  3  13.1.1.3   31 ms  16 ms  15 ms
  4  33.1.1.33   16 ms  31 ms  16 ms
```

通过观察发现，PC1 ping 的数据包是经过 AR1、AR2、AR3 的顺序到达主机 PC2 的。验证总部与两分部之间的通信，在 AR1 上使用 ping 命令测试。

```
< AR1 > ping 22.1.1.22//验证总部与分部 PC1 所在的网段
    PING 22.1.1.22：56   data bytes，press CTRL_C to break
      Reply from 22.1.1.22：bytes = 56 Sequence = 1 ttl = 127 time = 20 ms
      Reply from 22.1.1.22：bytes = 56 Sequence = 2 ttl = 127 time = 20 ms
      Reply from 22.1.1.22：bytes = 56 Sequence = 3 ttl = 127 time = 30 ms
      Reply from 22.1.1.22：bytes = 56 Sequence = 4 ttl = 127 time = 30 ms
      Reply from 22.1.1.22：bytes = 56 Sequence = 5 ttl = 127 time = 10 ms

    --- 22.1.1.22 ping statistics ---
      5 packet(s) transmitted
      5 packet(s) received
      0.00 % packet loss
      round - trip min/avg/max = 10/22/30 ms
```

```
<AR1>ping 33.1.1.33//验证总部与分部 PC2 所在的网段
   PING 33.1.1.33: 56   data bytes, press CTRL_C to break
     Reply from 33.1.1.33: bytes = 56 Sequence = 1 ttl = 127 time = 20 ms
     Reply from 33.1.1.33: bytes = 56 Sequence = 2 ttl = 127 time = 10 ms
     Reply from 33.1.1.33: bytes = 56 Sequence = 3 ttl = 127 time = 20 ms
     Reply from 33.1.1.33: bytes = 56 Sequence = 4 ttl = 127 time = 20 ms
     Reply from 33.1.1.33: bytes = 56 Sequence = 5 ttl = 127 time = 20 ms

   --- 33.1.1.33 ping statistics ---
     5 packet(s) transmitted
     5 packet(s) received
     0.00 % packet loss
     round - trip min/avg/max = 10/18/20 ms
```

通过测试,总部路由器 AR1 能够正常访问两个分部主机 PC1 和 PC2 的网络。

8.5.2　浮动静态路由的配置

本小节案例是在静态路由配置后进行的。实现两分部通信时,直连链路为主用链路,通过总部的链路为备用链路,即当主用链路发生故障时,可以使用备用链路保障两分部网络间的通信。

1. 基本配置

在 AR2 和 AR3 增加主用链路接口基本配置。

```
[AR2]interface Serial 4/0/0
[AR2 - Serial4/0/0]ip address 23.1.1.2 24

[AR3]interface Serial 4/0/1
[AR3 - Serial4/0/0] ip address 23.1.1.3 24
```

2. 配置静态路由

在 AR2 和 AR3 增加主用链路静态路由的配置。

```
[AR2]ip route - static 33.1.1.0 24 23.1.1.3

[AR3]ip route - static 22.1.1.0 24 23.1.1.2
```

查看 AR2 的路由表。

```
<AR2>display ip routing - table
Route Flags: R - relay, D - download to fib
----------------------------------------------------------------------------
Routing Tables: Public
        Destinations : 16        Routes : 17


Destination/Mask    Proto   Pre  Cost      Flags NextHop        Interface
```

```
        12.1.1.0/24    Direct  0   0        D   12.1.1.2     Serial4/0/1
        12.1.1.1/32    Direct  0   0        D   12.1.1.1     Serial4/0/1
        12.1.1.2/32    Direct  0   0        D   127.0.0.1    Serial4/0/1
        12.1.1.3/32    Direct  0   0        D   12.1.1.3     Serial4/0/0
      12.1.1.255/32    Direct  0   0        D   127.0.0.1    Serial4/0/1
        22.1.1.0/24    Direct  0   0        D   22.1.1.2     GigabitEthernet0/0/0
        22.1.1.2/32    Direct  0   0        D   127.0.0.1    GigabitEthernet0/0/0
      22.1.1.255/32    Direct  0   0        D   127.0.0.1    GigabitEthernet0/0/0
        23.1.1.0/24    Direct  0   0        D   23.1.1.2     Serial4/0/0
        23.1.1.2/32    Direct  0   0        D   127.0.0.1    Serial4/0/0
      23.1.1.255/32    Direct  0   0        D   127.0.0.1    Serial4/0/0
        33.1.1.0/24    Static  60  0        D   12.1.1.2     Serial4/0/1
                       Static  60  0        RD  23.1.1.3     Serial4/0/0
       127.0.0.0/8     Direct  0   0        D   127.0.0.1    InLoopBack0
       127.0.0.1/32    Direct  0   0        D   127.0.0.1    InLoopBack0
  127.255.255.255/32   Direct  0   0        D   127.0.0.1    InLoopBack0
  255.255.255.255/32   Direct  0   0        D   127.0.0.1    InLoopBack0


< AR2 > display ip routing - table protocol static
Route Flags: R - relay, D - download to fib
---------------------------------------------------------------------------

Public routing table : Static
        Destinations : 1        Routes : 2        Configured Routes : 2


Static routing table status : < Active >
        Destinations : 1        Routes : 2


Destination/Mask    Proto  Pre  Cost      Flags NextHop      Interface

        33.1.1.0/24  Static  60  0        RD   23.1.1.3      Serial4/0/0
                     Static  60  0        D    12.1.1.2      Serial4/0/1


Static routing table status : < Inactive >
        Destinations : 0        Routes : 0
```

    由观察可知,路由表中有两条静态路由优先级默认都是 60,而其路由标记(Flags)不同。除了表示路由已被放入路由转发表的 D 标记外,在 AR2 上只使用 IP 地址作为下一跳参数配置的静态路由中,多了一个路由标记 R,这表示该路由是一条迭代路由。也就是说,路由器在将路由放入 IP 路由表前,会先根据管理员在静态路由命令中配置的下一跳 IP 地址,自动判断出转发数据包的出站接口,然后再为这条路由添加出站接口信息。而 D 标记,是直接使用管理员指定的出站接口,无须迭代计算。

3. 配置浮动静态路由

修改 AR2 去往 PC2 所在网段经过 AR1 静态路由的优先级。关键字 preference 取值越小,优先级越高;取值越大,优先级越小。

```
[AR2]ip route - static 33.1.1.0 255.255.255.0 Serial4/0/1 preference 80
```

修改 AR3 去往 PC1 所在网段经过 AR1 静态路由的优先级。

```
[AR3]ip route - static 22.1.1.0 255.255.255.0 13.1.1.1 preference 80
```

在 AR2 使用命令查看路由表中静态路由条目。

```
< AR2 > display ip routing - table protocol static
Route Flags:R - relay, D - download to fib
-----------------------------------------------------------------------
Public routing table : Static
         Destinations : 1          Routes : 2          Configured Routes : 2

Static routing table status : < Active >
         Destinations : 1          Routes : 1

Destination/Mask    Proto    Pre  Cost        Flags NextHop         Interface

    33.1.1.0/24    Static   60    0           RD    23.1.1.3        Serial4/0/0

Static routing table status : < Inactive >
         Destinations : 1          Routes : 1

Destination/Mask    Proto    Pre  Cost        Flags NextHop         Interface

    33.1.1.0/24    Static   80    0                 12.1.1.2        Serial4/0/1
```

通过观察输出信息,AR2 路由表分成了两个部分:< Active >和< Inactive >。< Active >部分显示的路由是路由器当前正在使用的路由,也就是案例中 AR2 与 AR3 直连之间的链路为主用路由路径。在< Inactive >部分为管理员配置的第二条路由,其优先级是 80,下一跳是 12.1.1.2,出站接口是 Serial4/0/1。注意这条非活跃路由的路由标记中没有 D,说明这条路由没有启用。

4. 验证配置效果

配置完成后,在 PC1 上测试与 PC2 之间的连通性。

```
PC > ping 33.1.1.33

Ping 33.1.1.33: 32 data bytes, Press Ctrl_C to break
From 33.1.1.33: bytes = 32 seq = 1 ttl = 126 time = 16 ms
```

```
From 33.1.1.33：bytes = 32 seq = 2 ttl = 126 time = 15 ms
From 33.1.1.33：bytes = 32 seq = 3 ttl = 126 time = 15 ms
From 33.1.1.33：bytes = 32 seq = 4 ttl = 126 time = 15 ms
From 33.1.1.33：bytes = 32 seq = 5 ttl = 126 time = 15 ms


---- 33.1.1.33 ping statistics ----
   5 packet(s) transmitted
   5 packet(s) received
   0.00 % packet loss
   round - trip min/avg/max = 15/15/16 ms


PC > tracert 33.1.1.33


traceroute to 33.1.1.33，8 hops max
(ICMP)，press Ctrl + C to stop
 1  22.1.1.2   15 ms   <1 ms   16 ms
 2  23.1.1.3   16 ms   <1 ms   15 ms
 3  33.1.1.33   16 ms  15 ms   16 ms


PC >
```

由观察可知,两分部之间可以正常通信,且 PC1 ping 的数据包是经过 AR1、AR3 的顺序到达主机 PC2 的。

8.6 常见问题与解决方法

1. 常见问题

(1) 问题一

如何配置能够将静态路由配置为浮动静态路由?

(2) 问题二

在路由选择过程中,为什么默认路由会被最后匹配?

2. 解决方法

(1) 问题一的解决方法

在配置静态路由时,需要调整其中一条静态路由的优先级,可将其修改为浮动静态路由。

(2) 问题二的解决方法

在配置默认路由时,目的网络为 0.0.0.0,代表的是任意网络。路由器在依据数据包目的 IP 地址转发数据包时,会采用"最长匹配"原则,即当多条路由均匹配数据包的目的 IP 地址时,路由器会按照掩码最长的、也就是最精确的那条路由来转发这个数据包。

8.7 创新训练

8.7.1 训练目的

- 理解配置静态路由在哪种情况下使用指定接口。
- 掌握配置静态路由（指定接口）的方法。
- 理解配置静态路由在哪种情况下使用指定下一跳 IP 地址。
- 掌握配置静态路由（指定下一跳 IP 地址）的方法。
- 掌握测试静态路由连通性的方法。

8.7.2 训练拓扑

拓扑结构如图 8-2 所示。图中，AR4、AR5、AR6、AR7 为 AR2220 类型设备，LSW1 为 S3700 交换机。最终实现的效果是 AR4 能够与 AR6/AR7 进行通信。

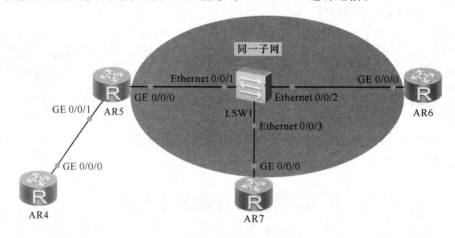

图 8-2 拓扑结构图

8.7.3 训练要求

1. 网络布线

根据拓扑图进行网络布线（路由器型号使用 AR2220）。

2. 实验编址

根据网络拓扑图设计网络设备的 IP 编址，填写表 8-4 所示地址表，根据需要填写，不需要的填写×。

表 8-4 设备配置地址表

设 备	接 口	IP 地址	子网掩码
AR4	GE0/0/0		
AR5	GE0/0/0		
	GE0/0/1		

续 表

设　备	接　口	IP 地址	子网掩码
AR6	GE0/0/0		
AR7	GE0/0/0		
LSW1	Ethernet0/0/1		
	Ethernet0/0/2		
	Ethernet0/0/3		

3. 主要步骤

（1）搭建训练环境。

填写表 8-4 的 IP 地址，根据拓扑图绘制拓扑结构。

（2）基本配置。

配置 AR4、AR5、AR6、AR7 路由器名、接口地址信息。交换机 LSW1 不需要配置。

（3）配置静态路由。

配置 AR4、AR6、AR7 的静态路由协议。

（4）验证测试。

配置完成后，在 AR4 上测试与 AR6/AR7 之间的连通性。

实训 9　RIP 的配置

9.1　实训背景

某 IT 培训中心开办初期网络规模较小,总公司在南京,在南京还拥有两家分中心,分中心的工作主要是区域招生。那么需要分中心工作人员每天访问总公司的 OA(协同办公自动化)系统、CRM(客户关系管理)系统以及财务系统。各中心之间使用城域网专线接入。

9.2　技能知识

9.2.1　RIP 概述

RIP 是一种比较简单的内部网关协议。RIP 使用了基于距离矢量的贝尔曼-福特(Bellman-Ford)算法来计算到达目的网络的最佳路径。

最初的 RIP 的开发时间较早,在带宽、配置和管理方面要求较低,因此,主要适用于规模较小的网络。

在路由器启动时,路由表只包含直连路由。运行 RIP 后,路由器会发送 Request 报文,用来请求邻居路由器的 RIP 路由。运行 RIP 的邻居路由器收到该 Request 报文后,会根据自己的路由表,生成 Response 报文进行回复。路由器在收到 Response 报文后,会将相应的路由添加到自己的路由表中。

在 RIP 网络稳定后,每个路由器会周期性地向邻居路由器通告自己的整张路由表中的路由信息,默认周期为 30 s。邻居路由器根据收到的路由信息刷新自己的路由表。

9.2.2　RIP 度量

RIP 使用跳数作为度量值来衡量到达目的网络的距离。在 RIP 中,从路由器到与它直接相连的网络的跳数为 0,每经过一个路由器后跳数加 1。为限制收敛时间,RIP 规定跳数的取值范围为 0～15 的整数,大于 15 的跳数被定义为无穷大,即目的网络或主机不可达。

路由器从某一邻居路由器收到路由更新报文时,将根据以下原则更新本路由器的 RIP 路由表:

(1) 对于本路由表中已有的路由项,当该路由项的下一跳是该邻居路由器时,不论度量值将增大还是减少,都更新该路由项(度量值相同时只将其老化定时器清零。路由表中的每一路由项都对应了一个老化定时器,当路由项在 180 s 内没有任何更新时,定时器超时,该路由项的度量值变为不可达)。

(2)当该路由项的下一跳不是该邻居路由器时,如果度量值减少,则更新该路由项。

(3)对于本路由表中不存在的路由项,如果度量值小于 16,则在路由表中增加该路由项。

某路由项的度量值变为不可达后,该路由会在 Response 报文中发布四次(120 s),然后从路由表中清除。

9.2.3 RIP 版本

RIP 包括 RIPv1 和 RIPv2 两个版本。

RIPv1 为有类别路由协议,不支持 VLSM 和 CIDR(无类别域间路由,Classless Inter-Domain Routing)。RIPv2 为无类别协议,支持 VLSM,支持路由聚合与 CIDR。

RIPv1 使用广播发送报文。RIPv2 有两种发送方式:广播方式和组播方式,默认是组播方式。RIPv2 的组播地址为 224.0.0.9。组播发送报文的好处是:在同一网络中那些没有运行 RIP 的网段可以避免接收 RIP 的广播报文;另外,组播发送报文还可以使运行 RIPv1 的网段避免错误地接收和处理 RIPv2 中带有子网掩码的路由。

RIPv1 不支持认证功能,RIPv2 支持明文认证和 MD5 密文认证。

9.2.4 命令行视图

1. RIP 命令格式

RIP 的配置实施步骤,如表 9-1 所示。

表 9-1　RIP 的配置过程

步 骤	命 令	解 释
1	system-view	进入系统视图
2	rip [*process-id*]	启动 RIP 进程。在该命令中,process-id 指定了 RIP 进程 ID。如果未指定 process-id,命令将使用 1 作为默认进程 ID
3	version 2	RIPv2 支持扩展能力。例如,支持 VLSM、认证等。如果不运行此命令,默认为 RIPv1 版本
4	network < *network-address* >	在 RIP 中通告网络,network-address 必须是一个自然网段的地址,也是路由设备的直连网段。只有处于此网络中的接口,才能进行 RIP 报文的接收和发送
5	undo network < *network-address* >	(可选)删除配置错误的 RIP
6	undo summary	禁用路由自动汇总功能,只有当接口上禁用了水平分割特性后,RIPv2 才会执行自动汇总。华为路由器默认接口的水平分割是启用的

在接口上禁用 RIP 水平分割特性,配置步骤如表 9-2 所示。

表 9-2 禁用 RIP 水平分割

步 骤	命 令	解 释
1	system-view	进入系统视图
2	interface *interface-type interface-number*	进入接口视图
3	undo rip split-horizon	禁用 RIP 水平分割特性

2. 检查配置结果

在配置完 RIP 后,可以使用命令来验证配置结果,如表 9-3 所示。

表 9-3 RIP 的检查配置

序 号	命 令	解 释
1	system-view	进入系统视图
2	display ip routing-table	查看路由表
3	display ip routing-table protocol rip	查看路由表中的 RIP 路由条目
4	display rip	查看 RIP 详细信息
5	display current-configuration configuration rip	查看路由器上的 RIP 配置

9.3 案例需求

本案例需要三台路由器分别扮演南京总部、鼓楼区分中心、江宁区分中心三个中心区角色,三台 PC 分别扮演三个中心区的办公用户,最终实现所有办公用户之间相互通信。

实训目的:

- 掌握 RIPv2 的命令配置。
- 学会查看 RIP 配置命令。
- 学会使用 undo network <*network-address*>删除错误配置。

9.4 拓扑设备

配置拓扑如图 9-1 所示,设备配置地址如表 9-4 所示,本案例所选路由器设备为三台 AR2220、三台终端设备 PC(分别代表南京总部、鼓楼区分中心、江宁区分中心三个中心区的终端用户)。

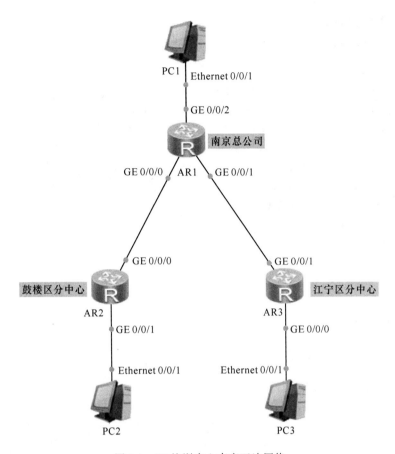

图 9-1 IT 培训中心南京互连网络

表 9-4 设备配置地址

设 备	接 口	IP 地址	子网掩码	网 关
AR1	GE0/0/0	12.1.1.1	255.255.255.0	×
	GE0/0/1	13.1.1.1	255.255.255.0	×
	GE0/0/2	11.1.1.1	255.255.255.0	×
AR2	GE0/0/0	12.1.1.2	255.255.255.0	×
	GE0/0/1	22.1.1.1	255.255.255.0	×
AR3	GE0/0/0	33.1.1.1	255.255.255.0	×
	GE0/0/1	13.1.1.3	255.255.255.0	×
PC1	Ethernet0/0/1	11.1.1.2	255.255.255.0	11.1.1.1
PC2	Ethernet0/0/1	22.1.1.2	255.255.255.0	22.1.1.1
PC3	Ethernet0/0/1	33.1.1.2	255.255.255.0	33.1.1.1

9.5 案 例 实 施

RIPv2 的配置案例如下。

1. 总公司路由器配置

路由器三个端口地址配置如表 9-4 所示。主要命令如下。

```
< Huawei > system - view
Enter system view, return user view with Ctrl + Z.
[Huawei]sysname AR1
[AR1]interface GigabitEthernet 0/0/2
[AR1 - GigabitEthernet0/0/2]ip address 11.1.1.1 24
[AR1 - GigabitEthernet0/0/2]interface GigabitEthernet 0/0/0
[AR1 - GigabitEthernet0/0/0]ip address 12.1.1.1 24
[AR1 - GigabitEthernet0/0/0]interface GigabitEthernet 0/0/1
[AR1 - GigabitEthernet0/0/1]ip address 13.1.1.1 24
[AR1 - GigabitEthernet0/0/1]quit
[AR1]rip
[AR1 - rip - 1]version 2
[AR1 - rip - 1]undo summary
[AR1 - rip - 1]network 11.0.0.0
[AR1 - rip - 1]network 12.0.0.0
[AR1 - rip - 1]network 13.0.0.0
```

2. 鼓楼区分中心路由器配置

```
< Huawei > system - view
Enter system view, return user view with Ctrl + Z.
[Huawei]sysname AR2
[AR2]interface GigabitEthernet 0/0/0
[AR2 - GigabitEthernet0/0/0]ip address 12.1.1.2 24
[AR2 - GigabitEthernet0/0/0]interface GigabitEthernet 0/0/1
[AR2 - GigabitEthernet0/0/1]ip address 22.1.1.1 24
[AR2 - GigabitEthernet0/0/1]quit
[AR2]rip
[AR2 - rip - 1]version 2
[AR2 - rip - 1]network 12.0.0.0
[AR2 - rip - 1]network 22.0.0.0
```

3. 江宁区分中心路由器配置

```
< Huawei > system - view
Enter system view, return user view with Ctrl + Z.
[Huawei]sysname AR3
[AR3]interface GigabitEthernet0/0/1
[AR3 - GigabitEthernet0/0/1]ip address 13.1.1.3 24
[AR3 - GigabitEthernet0/0/1]quit
[AR3]interface GigabitEthernet0/0/0
[AR3 - GigabitEthernet0/0/0]ip address 33.1.1.1 24
```

```
[AR3 - GigabitEthernet0/0/0]quit
[AR3]rip
[AR3 - rip - 1]version 2
[AR3 - rip - 1]network 13.0.0.0
[AR3 - rip - 1]network 33.0.0.0
[AR3 - rip - 1]
```

4. 设置主机 IP

对照表 9-4,设置 PC1、PC2、PC3 的 IP 地址、子网掩码、网关。

5. 测试连通性

使用 ping 命令进行测试,在 PC1 中 ping PC2 和 PC3,测试结果如下。

```
PC > ping 22.1.1.2

Ping 22.1.1.2:32 data bytes, Press Ctrl_C to break
From 22.1.1.2:bytes = 32 seq = 1 ttl = 254 time = 31 ms
From 22.1.1.2:bytes = 32 seq = 2 ttl = 254 time = 16 ms
From 22.1.1.2:bytes = 32 seq = 3 ttl = 254 time = 16 ms
From 22.1.1.2:bytes = 32 seq = 4 ttl = 254 time = 31 ms
From 22.1.1.2:bytes = 32 seq = 5 ttl = 254 time < 1 ms

--- 22.1.1.2 ping statistics ---
   5 packet(s) transmitted
   5 packet(s) received
   0.00 % packet loss
   round - trip min/avg/max = 0/18/31 ms

PC > ping 33.1.1.2

Ping 33.1.1.2:32 data bytes, Press Ctrl_C to break
From 33.1.1.2:bytes = 32 seq = 1 ttl = 126 time = 16 ms
From 33.1.1.2:bytes = 32 seq = 2 ttl = 126 time = 16 ms
From 33.1.1.2:bytes = 32 seq = 3 ttl = 126 time = 16 ms
From 33.1.1.2:bytes = 32 seq = 4 ttl = 126 time = 16 ms
From 33.1.1.2:bytes = 32 seq = 5 ttl = 126 time = 16 ms

--- 33.1.1.2 ping statistics ---
   5 packet(s) transmitted
   5 packet(s) received
   0.00 % packet loss
   round - trip min/avg/max = 16/16/16 ms

PC >
```

9.6　常见问题与解决方法

1. 常见问题

(1) 问题一

什么是自然网段?

(2) 问题二

RIP 路由跳数是什么时候增加的?

2. 解决方法

(1) 问题一的解决方法

自然网段是按照 A,B,C 类网段划分的。

例如,10.1.1.1/24 的自然网段是 10.0.0.0,因为这本来是一个 A 类地址;10.10.20.0/22 的子网掩码是 22,是非自然网段,因为带有变长子网掩码,那它的自然网段是什么,答案是 10.0.0.0。

(2) 问题二的解决方法

RIP 的路由跳数是在路由器发出路由通告之前增加的。

9.7　创 新 训 练

9.7.1　训练目的

在三层交换机中配置 RIP,了解 RIP 版本,熟练配置 RIP,学会查看 RIP 配置和删除 RIP 配置命令。

9.7.2　训练拓扑

拓扑结构如图 9-2 所示。图中,SW1 为 S3700 交换机,AR5 为 AR2220。将交换机划分两个 VLAN,分别为 VLAN 10 和 VLAN 20。要求在 AR5、SW1 中运行 RIP 协议配置,保证全网互通。

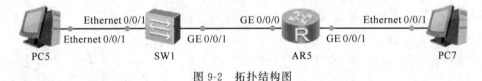

Ethernet 0/0/1　　　GE 0/0/0　　　　Ethernet 0/0/1

Ethernet 0/0/1　　GE 0/0/1　　　　GE 0/0/1

PC5　　　　　SW1　　　　　　AR5　　　　　　PC7

图 9-2　拓扑结构图

9.7.3　训练要求

1. 网络布线

根据拓扑图进行网络布线(路由器型号使用 AR2220)。

2. 实验编址

根据网络拓扑图设计网络设备的 IP 编址,填写表 9-5 所示地址表,根据需要填写,不需要的填写×。

表 9-5 设备配置地址表

设 备	接 口	IP 地址	子网掩码	网 关
AR5	GigabitEthernet 0/0/0			
	GigabitEthernet 0/0/1			
SW1	VLANIF 10			
	VLANIF 20			
PC5	Ethernet 0/0/1			
PC7	Ethernet 0/0/1			

3. 主要步骤

（1）搭建训练环境，根据表 9-5 填写的 IP 地址，设置 PC5、PC7 的 IP 地址、子网掩码以及网关。

（2）在路由器 AR5 上配置。

① 配置路由器名 AR5。

② 在路由器 AR5 上配置端口 GE 0/0/0、GE 0/0/1 的 IP 地址。

③ 运行 RIPv2 协议。

（3）在 SW1 上配置。

① 分别创建 VLAN 10 和 VLAN 20，将 Ethernet 0/0/1 划分给 VLAN 10，将 GE 0/0/1 划分给 VLAN 20。

② 创建 int VLANIF 10 和 int VLANIF 20 以及它们的 IP 地址。

③ 运行 RIPv2 协议。

（4）验证测试。

PC5 ping 通 PC7。

实训 10　OSPF 的配置

10.1　实训背景

某 IT 培训中心,总公司在南京,随着业务发展壮大,在上海和青岛成立了两家分中心,分中心的工作主要是区域招生。那么需要分中心工作人员每天访问总公司的 OA(协同办公自动化)系统、CRM(客户关系管理)系统以及财务系统。各中心之间使用专线接入。

10.2　技能知识

10.2.1　OSPF 概述

开放式最短路径优先(Open Shortest Path First,OSPF)是一个内部网关协议(Interior Gateway Protocol,IGP),用于在单一自治系统(Autonomous System,AS)内决策路由。OSPF 是对链路状态路由协议的一种实现,隶属内部网关协议,故运作于自治系统内部。著名的迪克斯加(Dijkstra)算法被用来计算最短路径树。

10.2.2　OSPF 区域

因为 OSPF 路由器之间会将所有的链路状态(LSA)相互交换,毫不保留,当网络规模达到一定程度时,LSA 将形成一个庞大的数据库,势必会给 OSPF 计算带来巨大的压力。为了降低 OSPF 计算的复杂程度,缓解计算压力,OSPF 采用分区域计算,将网络中所有 OSPF 路由器划分成不同的区域,每个区域负责各自区域精确的 LSA 传递与路由计算,然后再将一个区域的 LSA 简化和汇总之后转发到另一个区域,这样一来,在区域内部,拥有网络精确的 LSA,而在不同区域,则传递简化的 LSA。区域是从逻辑上将路由器划分为不同的组,每个组用区域号来标识,区域是一组网段的集合。在 OSPF 中,可以有多个区域划分,并用数字进行标识,如区域 0、区域 1、区域 2 等。

OSPF 区域相关术语如下。

(1) 区域边界路由器:在 OSPF 中,并不是全部接口都位于同一个区域的 OSPF 路由设备为"区域边界路由器(ABR)"。

(2) 骨干区域:区域 0 在 OSPF 中被称为"骨干区域",而非骨干区域之间不允许相互发布区域间路由的信息,即其他区域必须与区域 0 相连。如果某个非 0 区域客观上并不与骨干区域相连,也必须通过一种称为"虚链路"的方式与区域 0 连接起来。

10.2.3　命令行视图

1. OSPF 命令格式

OSPF 的配置实施步骤,如表 10-1 所示。

表 10-1　OSPF 路由协议的配置过程

步 骤	命 令	解 释
1	system-view	进入系统视图
2	ospf[*process-id* │router-id *router-id*]	启动 OSPF 进程,进入 OSPF 视图
3	area *area-id*	进入 OSPF 区域视图
4	network *ip-address wildcard-mask* [description *text*]	配置区域包含的网段。其中,description 字段用来为 OSPF 指定网段配置描述信息。 满足下面两个条件,接口才能正常运行 OSPF 协议: • 接口的 IP 地址掩码长度≥network 命令指定的掩码长度。 • 接口的主 IP 地址必须在 network 命令指定的网段范围内。

2. 检查配置结果

OSPF 功能配置成功后,检查配置步骤,如表 10-2 所示。

表 10-2　OSPF 路由协议的检查配置

序 号	命 令	解 释
1	display ospf [*process-id*] cumulative	查看 OSPF 统计信息
2	display ospf[*process-id*] lsdb	查看 OSPF 的 LSDB 信息
3	display ospf[*process-id*] peer	查看 OSPF 邻接点的信息
4	display ospf[*process-id*] routing	查看 OSPF 路由表的信息

10.3　案例需求

本案例需要三台路由器分别扮演南京总公司、上海分中心、青岛分中心三个中心区角色,三台 PC 分别扮演三个中心区的办公用户,最终实现所有 PC 之间相互通信。

实训目的:

• 了解 OSPF 路由协议的工作原理。
• 了解 OSPF 路由协议的应用场景。
• 掌握 OSPF 路由协议单区域的配置方式。

10.4　拓 扑 设 备

配置拓扑如图 10-1 所示,设备配置地址如表 10-3 所示,本案例所选路由器设备为三台 AR2220、三台终端设备 PC(分别代表南京总部、上海分中心、青岛分中心三个中心区的终端用户)。

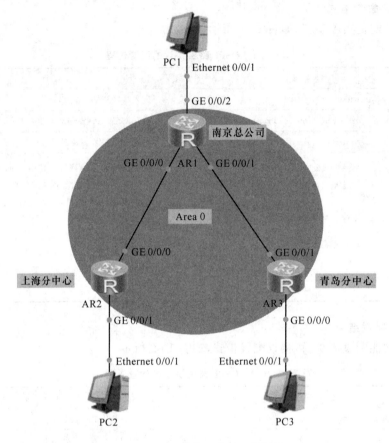

图 10-1　IT 培训中心全国互连网络

表 10-3　设备配置地址

设　备	接　口	IP 地址	子网掩码	网　关
AR1	GE0/0/0	12.1.1.1	255.255.255.0	×
	GE0/0/1	13.1.1.1	255.255.255.0	×
	GE0/0/2	11.1.1.1	255.255.255.0	×
AR2	GE0/0/0	12.1.1.2	255.255.255.0	×
	GE0/0/1	22.1.1.1	255.255.255.0	×
AR3	GE0/0/0	33.1.1.1	255.255.255.0	×
	GE0/0/1	13.1.1.3	255.255.255.0	×
PC1	Ethernet0/0/1	11.1.1.2	255.255.255.0	11.1.1.1
PC2	Ethernet0/0/1	22.1.1.2	255.255.255.0	22.1.1.1
PC3	Ethernet0/0/1	33.1.1.2	255.255.255.0	33.1.1.1

10.5　案例实施

OSPF 的配置案例如下。

1. 总公司路由器配置

路由器三个端口地址配置如表 10-3 所示,主要命令如下。

```
< Huawei > system - view
Enter system view, return user view with Ctrl + Z.
[Huawei]sysname AR1
[AR1]interface GigabitEthernet 0/0/2
[AR1 - GigabitEthernet0/0/2]ip address 11.1.1.1 24
[AR1 - GigabitEthernet0/0/2]interface GigabitEthernet 0/0/0
[AR1 - GigabitEthernet0/0/0]ip address 12.1.1.1 24
[AR1 - GigabitEthernet0/0/0]interface GigabitEthernet 0/0/1
[AR1 - GigabitEthernet0/0/1]ip address 13.1.1.1 24
[AR1 - GigabitEthernet0/0/1]quit
[AR1]ospf
[AR1 - ospf - 1]area 0
[AR1 - ospf - 1 - area - 0.0.0.0]network 12.1.1.0 0.0.0.255
[AR1 - ospf - 1 - area - 0.0.0.0]network 13.1.1.0 0.0.0.255
[AR1 - ospf - 1 - area - 0.0.0.0]
```

2. 上海分中心路由器配置

```
< Huawei > system - view
Enter system view, return user view with Ctrl + Z.
[Huawei]sysname AR2
[AR2]interface GigabitEthernet 0/0/0
[AR2 - GigabitEthernet0/0/0]ip address 12.1.1.2 24
[AR2 - GigabitEthernet0/0/0]interface GigabitEthernet 0/0/1
[AR2 - GigabitEthernet0/0/1]ip address 22.1.1.1 24
[AR2 - GigabitEthernet0/0/1]quit
[AR2]ospf
[AR2 - ospf - 1]area 0
[AR2 - ospf - 1 - area - 0.0.0.0]network 12.1.1.0 0.0.0.255
[AR2 - ospf - 1 - area - 0.0.0.0]network 22.1.1.0 0.0.0.255
[AR2 - ospf - 1 - area - 0.0.0.0]
```

3. 青岛分中心路由器配置

```
< Huawei > system - view
Enter system view, return user view with Ctrl + Z.
[Huawei]sysname AR3
[AR3]interface GigabitEthernet0/0/1
```

```
[AR3-GigabitEthernet0/0/1]ip address 13.1.1.3 24
[AR3-GigabitEthernet0/0/1]quit
[AR3]interface GigabitEthernet0/0/0
[AR3-GigabitEthernet0/0/0]ip address 33.1.1.1 24
[AR3-GigabitEthernet0/0/0]quit
[AR3]ospf
[AR3-ospf-1]area 0
[AR3-ospf-1-area-0.0.0.0]network 33.1.1.0 0.0.0.255
[AR3-ospf-1-area-0.0.0.0]network 13.1.1.0 0.0.0.255
[AR3-ospf-1-area-0.0.0.0]
```

4. 设置主机 IP

对照表 10-3,设置 PC1、PC2、PC3 的 IP 地址、子网掩码、网关。

5. 测试连通性

使用 ping 命令进行测试,在 PC1 中 ping PC2 和 PC3,测试结果如下。

```
PC>ping 22.1.1.2

Ping 22.1.1.2: 32 data bytes, Press Ctrl_C to break
From 22.1.1.2: bytes=32 seq=1 ttl=254 time=31 ms
From 22.1.1.2: bytes=32 seq=2 ttl=254 time=16 ms
From 22.1.1.2: bytes=32 seq=3 ttl=254 time=16 ms
From 22.1.1.2: bytes=32 seq=4 ttl=254 time=31 ms
From 22.1.1.2: bytes=32 seq=5 ttl=254 time<1 ms

--- 22.1.1.2 ping statistics ---
   5 packet(s) transmitted
   5 packet(s) received
   0.00% packet loss
   round-trip min/avg/max = 0/18/31 ms

PC>ping 33.1.1.2

Ping 33.1.1.2: 32 data bytes, Press Ctrl_C to break
From 33.1.1.2: bytes=32 seq=1 ttl=126 time=16 ms
From 33.1.1.2: bytes=32 seq=2 ttl=126 time=16 ms
From 33.1.1.2: bytes=32 seq=3 ttl=126 time=16 ms
From 33.1.1.2: bytes=32 seq=4 ttl=126 time=16 ms
From 33.1.1.2: bytes=32 seq=5 ttl=126 time=16 ms

--- 33.1.1.2 ping statistics ---
   5 packet(s) transmitted
```

```
5 packet(s) received

0.00 % packet loss

round - trip min/avg/max = 16/16/16 ms


PC >
```

测试结果:所有终端用户都可以相互通信。

10.6　常见问题与解决方法

1. 常见问题

(1)问题一

OSPF 与 RIP 有何区别?

(2)问题二

为什么要分区域,分区域有什么优点?

2. 解决方法

(1)问题一的解决方法

OSPF 对跨越路由器的个数没有限制,它使用的协议是链路状态路由选择协议,选择路由的度量标准是带宽、延迟。而 RIP 协议是距离矢量路由选择协议,它选择路由的度量标准(metric)是跳数,最大跳数是 15 跳,如果大于 15 跳,它就会丢弃数据包,RIP 没有网络延迟和链路开销的概念,路由选路基于跳数,拥有较少跳数的路由总是被选为最佳路由,即使较长的路径有低的延迟和开销。

OSPF 协议的路由广播更新只发生在路由状态变化的时候,采用 IP 多路广播来发送链路状态更新信息,这样对带宽是个节约。而 RIP 协议不是针对网络的实际情况而是定期地广播路由表,这对网络的带宽资源是个极大的浪费,特别对大型的广域网。

OSPF 在网络中建立起层次区域概念,在自治域中可以划分网络区域,使路由的广播限制在一定的范围内,避免链路中资源的浪费。RIP 网络是一个平面网络,对网络没有分区域。

OSPF 收敛速度较快;而 RIP 收敛速度较慢,在大型网络中收敛时间为几分钟。

OSPF 在路由广播时采用了授权机制,使用认证功能,保证了网络安全。而 RIP 没有认证功能。

(2)问题二的解决方法

划分区域的根本原因是如果一个区域的路由器太多,势必造成 LSDB 过大,从而对路由器资源提出了更高的要求且延缓了收敛的时间。同时一旦出现路由动荡,会造成大规模的 OSPF 重新计算,造成路由器负荷过重引发更大规模的网络问题。因此,划分区域就是为了减少 OSPF 资源的要求和屏蔽网络的动荡。

10.7　创 新 训 练

10.7.1　训练目的

理解配置 OSPF 多区域的使用场景;掌握多区域 OSPF 的配置方法;理解 OSPF 区域边界路由器(ABR)的工作特点。

10.7.2 训练拓扑

拓扑结构如图 10-2 所示。图中，AR4～AR7 为 AR2220。对路由器进行 OSPF 多区域配置，其中 AR5、AR6 之间要建立 OSPF 虚链路，使区域 2 也能够在逻辑上连接到区域 0，从而实现全网互通。

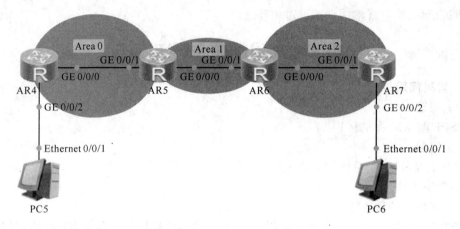

图 10-2　拓扑结构图

10.7.3 训练要求

1. 网络布线

根据拓扑图进行网络布线。

2. 实验编址

根据网络拓扑图设计网络设备的 IP 编址，填写表 10-4 所示地址分配表，根据需要填写，不需要的填写×。

表 10-4　设备配置地址表

设　备	接　口	IP 地址	子网掩码	网　关
AR4	GigabitEthernet 0/0/0			
	GigabitEthernet 0/0/2			
AR5	GigabitEthernet 0/0/0			
	GigabitEthernet 0/0/1			
AR6	GigabitEthernet 0/0/0			
	GigabitEthernet 0/0/1			
AR7	GigabitEthernet 0/0/1			
	GigabitEthernet 0/0/2			
PC5	Ethernet0/0/2			
PC6	Ethernet0/0/2			

3. 主要步骤

（1）搭建训练环境,根据表 10-4 填写的 IP 地址,进行 PC5、PC6 设置。

（2）在路由器 AR4 上配置。

① 配置路由器名 AR4。

② 在路由器 AR4 上配置端口 GE 0/0/0、GE 0/0/2 IP 地址。

③ 运行 OSPF 协议,所在区域为区域 0。

（3）在路由器 AR5 上配置。

① 配置路由器名 AR5。

② 在路由器 AR5 上配置端口 GE 0/0/0、GE 0/0/1 IP 地址。

③ 运行 OSPF 协议,指定路由器 ID。

④ 配置虚链路。在区域 Area 1 视图中使用命令"vlink-peer 对端路由器 ID"。

```
#
interface GigabitEthernet0/0/0
  ip address 56.1.1.5 255.255.255.0        //具体参数请根据表 10-4 进行修改
#
interface GigabitEthernet0/0/1
  ip address 45.1.1.5 255.255.255.0        //具体参数请根据表 10-4 进行修改
#
interface GigabitEthernet0/0/2
#
interface NULL0
#
ospf 1 router - id 55.1.1.1
  area 0.0.0.0
    network 45.1.1.5 0.0.0.0               //具体参数请根据表 10-4 进行修改
  area 0.0.0.1
    network 56.1.1.5 0.0.0.0
    vlink - peer 66.1.1.1                  //具体参数请根据表 10-4 进行修改
#
```

（4）在路由器 AR6 上配置。

① 配置路由器名 AR6。

② 在路由器 AR6 上配置端口 GE 0/0/0、GE 0/0/1 IP 地址。

③ 运行 OSPF 协议,指定路由器 ID。

④ 配置虚链路。在区域 Area 1 视图中使用命令"vlink-peer 对端路由器 ID"。

```
#
interface GigabitEthernet0/0/0
  ip address 67.1.1.6 255.255.255.0        //具体参数请根据表 10-4 进行修改
#
interface GigabitEthernet0/0/1
```

```
    ip address 56.1.1.6 255.255.255.0          //具体参数请根据表10-4进行修改
#
interface GigabitEthernet0/0/2
#
interface NULL0
#
ospf 1 router - id 66.1.1.1
 area 0.0.0.1
   network 56.1.1.6 0.0.0.0                    //具体参数请根据表10-4进行修改
   vlink - peer 55.1.1.1                       //具体参数请根据表10-4进行修改
 area 0.0.0.2
   network 67.1.1.6 0.0.0.0                    //具体参数请根据表10-4进行修改
 #
```

（5）在路由器 AR7 上配置。

① 配置路由器名 AR7。

② 在路由器 AR7 上配置端口 GE 0/0/1、GE 0/0/2 IP 地址。

③ 运行 OSPF 协议,所在区域为区域 2。

（6）验证测试。

PC5 ping 通 PC6。

第 三 篇

广域网技术篇

重要知识

实训 11 HDLC 协议的配置

11.1 实训背景

某公司开发部门通过部门路由器 AR2 连接到公司出口网关 AR1,市场部门直连到公司出口网关。AR2 与 AR1 之间的链路为串行链路,封装 HDLC 协议。最终实现各部门之间能互相访问。

11.2 技能知识

11.2.1 HDLC 原理概述

高级数据链路控制(High-level Data Link Control,HDLC)是一种链路层协议,运行在同步串行链路上。它是由国际标准化组织(ISO)根据 IBM 公司的 SDLC(Synchronous Data Link Control)协议扩展开发而成的,是通信领域曾经广泛应用的一个数据链路层协议。但是随着技术的进步,目前通信信道的可靠性比过去有了非常大的改进,已经没有必要在数据链路层使用很复杂的协议(包括编号、检错重传等技术)来实现数据的可靠传输。作为窄带通信协议的 HDLC,在公网的应用逐渐消失,应用范围逐渐减少,只是在部分专网中用来透传数据。透传即透明传送,是指传送网络无论传输业务如何,只负责将需要传送的业务传送到目的节点,同时保证传输的质量即可,而不对传输的业务进行处理。

11.2.2 HDLC 的特点

HDLC 是一种面向比特的链路层协议。ISO 制定的 HDLC 是一种面向比特的通信规则。HDLC 传送的信息单位为帧。作为面向比特的同步数据控制协议的典型,HDLC 具有如下特点:

(1)HDLC 协议不依赖于任何一种字符编码集。

(2)数据报文可透明传输,不必等待确认,可连续发送数据,用于实现透明传输的"0 比特插入法"易于硬件实现。

(3)全双工通信,有较高的数据链路传输效率。

(4)所有帧采用 CRC 检验,对信息帧进行顺序编号,可防止漏收或重收,传输可靠性高。

(5)传输控制功能与处理功能分离,具有较大灵活性和较完善的控制功能。

11.2.3 命令行视图

1. HDLC 命令格式

配置接口封装 HDLC 协议,配置实施步骤,如表 11-1 所示。

表 11-1 HDLC 配置过程

步　骤	命　令	解　释
1	system-view	进入系统视图
2	interface *interface-type interface-number*	进入接口视图
3	link-protocol hdlc	配置接口封装的链路层协议为 HDLC

2. 检查配置结果

HDLC 基本功能配置完成之后,查看接口状态、链路层协议及配置信息,如表 11-2 所示。

表 11-2 HDLC 检查配置

序　号	命　令	解　释
1	display interface[*interface-type* [*interface-number*]]	查看接口状态、链路层协议及配置信息

11.3 案例需求

本案例需要两台路由器链路为串行链路,封装 HDLC 协议,两台 PC 分别扮演开发部门、市场部门的办公用户,最终实现部门之间可以相互通信。

实训目的:

- 理解 HDLC 的工作场景。
- 了解 HDLC 的特点。
- 掌握 HDLC 的基本配置。

11.4 拓扑设备

配置拓扑如图 11-1 所示,设备配置地址如表 11-3 所示,本案例所选路由器设备为两台 AR2220(需要在设备里添加串口模块,设备停止后,选中设备-右键-设置-eNSP 支持的接口卡-选中 2SA 模块,拖动到上面的视图当中)、两台终端设备 PC(分别代表开发部门、市场部门)。

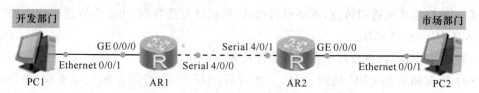

图 11-1 HDLC 接入拓扑

表 11-3　设备配置地址

设　备	接　口	IP 地址	子网掩码	网　关
AR1	GE0/0/0	11.1.1.1	255.255.255.0	×
	S4/0/0	12.1.1.1	255.255.255.0	×
AR2	GE0/0/0	22.1.1.2	255.255.255.0	×
	S4/0/1	12.1.1.2	255.255.255.0	×
PC1	Ethernet0/0/1	11.1.1.11	255.255.255.0	11.1.1.1
PC2	Ethernet0/0/1	22.1.1.22	255.255.255.0	22.1.1.2

11.5　案例实施

HDLC 的配置案例如下。

1. 基本配置

配置 AR1、AR2 端口地址。

```
[AR1]interface GigabitEthernet 0/0/0
[AR1 - GigabitEthernet0/0/0]ip address 11.1.1.1 24
[AR1 - GigabitEthernet0/0/0]quit
[AR1]interface Serial 4/0/0
[AR1 - Serial4/0/0]ip address 12.1.1.1 24
[AR1 - Serial4/0/0]


[AR2]interface GigabitEthernet 0/0/0
[AR2 - GigabitEthernet0/0/0]ip address 22.1.1.2 24
[AR2 - GigabitEthernet0/0/0]quit
[AR2]interface Serial 4/0/1
[AR2 - Serial4/0/1]ip address 12.1.1.2 24
[AR2 - Serial4/0/1]
```

2. 配置静态路由

在 AR2 上配置默认路由指向出口网关 AR1,并在 AR1 上配置目的网段 PC1 所在网络的路由器——下一跳路由器 AR2。

```
[AR2]ip route - static 0.0.0.0 0.0.0.0 12.1.1.1


[AR1]ip route - static 22.1.1.0 255.255.255.0 12.1.1.2
```

在 PC1 上测试与 PC2 的连通性。

```
PC > ping 22.1.1.22

Ping 22.1.1.22: 32 data bytes, Press Ctrl_C to break
From 22.1.1.22: bytes = 32 seq = 1 ttl = 126 time = 16 ms
```

From 22.1.1.22：bytes = 32 seq = 2 ttl = 126 time = 16 ms

From 22.1.1.22：bytes = 32 seq = 3 ttl = 126 time = 16 ms

From 22.1.1.22：bytes = 32 seq = 4 ttl = 126 time = 16 ms

From 22.1.1.22：bytes = 32 seq = 5 ttl = 126 time = 16 ms

--- 22.1.1.22 ping statistics ---

5 packet(s) transmitted

5 packet(s) received

0.00% packet loss

round-trip min/avg/max = 16/16/16 ms

3. 配置 HDLC

在默认情况下，串行接口封装的链路层协议即为 PPP，可以直接在设备 AR1 上使用 display interface Serial4/0/0 命令进行查看。

```
[AR1]display interface Serial4/0/0
Serial4/0/0 current state ：UP
Line protocol current state ：UP
Last line protocol up time ：2018-07-16 22:31:38 UTC-08:00
Description：HUAWEI, AR Series, Serial4/0/0 Interface
Route Port,The Maximum Transmit Unit is 1500, Hold timer is 10(sec)
Internet Address is 12.1.1.1/24
Link layer protocol is PPP
LCP opened, IPCP opened
Last physical up time   ：2018-07-16 22:13:55 UTC-08:00
Last physical down time ：2018-07-16 22:13:49 UTC-08:00
Current system time：2018-07-16 22:47:42-08:00
Physical layer is synchronous, Virtualbaudrate is 64000 bps
Interface is DTE, Cable type is V11, Clock mode is TC
Last 300 seconds input rate 7 bytes/sec 56 bits/sec 0 packets/sec
Last 300 seconds output rate 3 bytes/sec 24 bits/sec 0 packets/sec


Input： 426 packets, 14368 bytes
  Broadcast：          0,  Multicast：          0
  Errors：             0,  Runts：              0
  Giants：             0,  CRC：                0

  Alignments：         0,  Overruns：           0
  Dribbles：           0,  Aborts：             0
  No Buffers：         0,  Frame Error：        0
  ---- More ----
```

在 AR1 和 AR2 的串口上分别使用 link-protocol 命令配置链路层协议为 HDLC。

```
[AR1]interface Serial 4/0/0
[AR1 - Serial4/0/0]lin
[AR1 - Serial4/0/0]link - protocol hdlc
Warning：The encapsulation protocol of the link will be changed. Continue? [Y/N]
:y

[AR2]interface Serial 4/0/1
[AR2 - Serial4/0/1]link - protocol hdlc
Warning：The encapsulation protocol of the link will be changed. Continue? [Y/N]
:y
```

再一次使用 display interface Serial4/0/0 命令进行查看。

```
[AR1]display interface Serial 4/0/0
Serial4/0/0 current state : UP
Line protocol current state : UP
Last line protocol up time : 2018 - 07 - 16 23:01:42 UTC - 08:00
Description:HUAWEI, AR Series, Serial4/0/0 Interface
Route Port,The Maximum Transmit Unit is 1500, Hold timer is 10(sec)
Internet Address is 12.1.1.1/24
Link layer protocol is nonstandard HDLC
Last physical up time   : 2018 - 07 - 16 23:01:42 UTC - 08:00
Last physical down time : 2018 - 07 - 16 23:01:42 UTC - 08:00
Current system time: 2018 - 07 - 16 23:04:20 - 08:00
Physical layer is synchronous, Virtualbaudrate is 64000 bps
Interface is DTE, Cable type is V11, Clock mode is TC
Last 300 seconds input rate 4 bytes/sec 32 bits/sec 0 packets/sec
Last 300 seconds output rate 2 bytes/sec 16 bits/sec 0 packets/sec

Input: 607 packets, 20276 bytes
  Broadcast:          0,  Multicast:          0
  Errors:             0,  Runts:              0
  Giants:             0,  CRC:                0

  Alignments:         0,  Overruns:           0
  Dribbles:           0,  Aborts:             0
  No Buffers:         0,  Frame Error:        0

  ---- More ----
```

4. 验证配置效果

配置完成后,在 PC1 上测试与 PC2 之间的连通性。

```
PC > ping 22.1.1.22

Ping 22.1.1.22: 32 data bytes, Press Ctrl_C to break
From 22.1.1.22: bytes = 32 seq = 1 ttl = 126 time = 16 ms
From 22.1.1.22: bytes = 32 seq = 2 ttl = 126 time = 16 ms
From 22.1.1.22: bytes = 32 seq = 3 ttl = 126 time = 16 ms
From 22.1.1.22: bytes = 32 seq = 4 ttl = 126 time = 16 ms
From 22.1.1.22: bytes = 32 seq = 5 ttl = 126 time = 16 ms

--- 22.1.1.22 ping statistics ---
    5 packet(s) transmitted
    5 packet(s) received
    0.00 % packet loss
    round - trip min/avg/max = 16/16/16 ms

PC >
```

可以正常通信。

11.6　常见问题与解决方法

1. 常见问题

配置 HDLC 后,两端 ping 不通,应如何处理?

2. 解决方法

上述问题的故障处理步骤:

(1) 在串口接口视图下,执行 display this interface 命令,查看该接口的物理状态是否是 Up。

① 如果物理层的状态不是 Up,首先应该检查线路连接是否正确,确保接口的线路连接正确。

② 在 serial 4/0/0 接口视图下,执行 display this 命令,查看当前接口下的配置。

观察物理状态是否 Up,确认接口没有执行 shutdown 命令。

如果接口的物理状态为 Down,则需要检查接口,排除接口的故障。

③ 经过上述步骤,如果接口的物理状态依然是 Down,则可能板卡已经损坏,可联系华为技术支持工程师。

排除了物理层的问题后,如果物理层状态是 Up,链路协议层状态是 Down,应执行下面的步骤。

(2) 打开 HDLC 调试开关。

```
< Huawei > debugging hdlc all
< Huawei > terminal debugging
Display the debugging information to terminal may use a large number of cpu re
source and result in systems reboot! Continue? [Y/N]:y
```

```
% Current terminal debugging is on
<Huawei> terminal monitor
```

当打开 HDLC 调试开关后,会显示接收和发送报文的详细信息。

（3）检查两端配置情况。

在用户视图下执行 display interface［interface-type［interface-number］］命令,或在相应接口视图下执行 display this interface 命令,查看两端口是否同时封装了 HDLC 协议。若是,则执行下面的步骤;若否,则进行修改,使两端同时封装 HDLC,并执行 restart 命令重启接口,若问题仍然存在请继续执行下面的步骤。

（4）检查两端配置的轮询时间间隔配置是否一致。

如果不一致,则修改配置,使两端轮询时间间隔一致或同时不配置轮询。修改完毕后,执行 restart 命令重启接口。

11.7　创 新 训 练

11.7.1　训练目的

- 掌握 HDLC 的配置。
- 理解 HDLC 工作原理。
- 掌握 HDLC 配置结果的检查方法。

11.7.2　训练拓扑

拓扑结构如图 11-2 所示。图中,AR4、AR5、AR6 为 AR2220 类型设备(添加串口 2SA 模块操作方法见本节其他部分内容),最终实现 PC 主机之间相互通信。

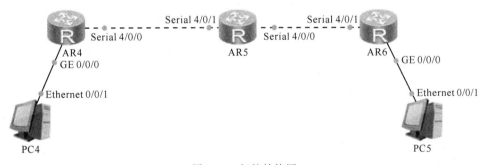

图 11-2　拓扑结构图

11.7.3　训练要求

1. 网络布线

根据拓扑图进行网络布线。

2. 实验编址

根据网络拓扑图设计网络设备的 IP 编址,填写表 11-4 所示地址表,根据需要填写,不需要的填写×。

表 11-4 设备配置地址表

设 备	接 口	IP 地址	子网掩码	网 关
AR4	GE0/0/0			
	S4/0/0			
AR5	S4/0/0			
	S4/0/1			
AR6	S4/0/1			
	GE0/0/0			
PC4	Ethernet0/0/1			
PC5	Ethernet0/0/1			

3. 主要步骤

（1）搭建训练环境。

根据表 11-4 填写的 IP 地址，进行 PC4、PC5 地址设置。

（2）基本配置。

配置 AR4、AR5、AR6 路由器名、接口地址信息。

（3）配置静态路由。

配置拓扑结构图中所有路由器的静态路由。

（4）配置 HDLC。

在 AR4、AR5、AR6 的串口上分别使用 link-protocol 命令配置链路层协议为 HDLC。

（5）验证测试。

配置完成后，在 PC4 上测试与 PC5 之间的连通性。

实训 12 PPP 协议的配置

12.1 实训背景

某公司分支机构开发部门通过部门路由器接入端网关设备 AR1 连接到公司总部出口网关 AR2；市场部门直连到公司总部出口网关。出于安全角度考虑，IT 部门在分支机构访问总部市场部门时部署 PPP 认证，AR1 是被认证方路由器，AR2 是认证方路由器，AR1 与 AR2 之间的链路为串行链路，封装 PPP 协议并进行认证，从而建立 PPP 连接进行正常访问。

12.2 技能知识

12.2.1 PPP 原理概述

PPP(Point-to-Point Protocol)为在点对点连接上传输多协议数据包提供了一个标准方法。PPP 位于数据链路层，是一种为同等单元之间传输数据包这样的简单链路设计的链路层协议。这种链路提供全双工操作，并按照顺序传递数据包。

PPP 最初设计是为两个对等节点之间的 IP 流量传输提供一种封装协议。在 TCP-IP 协议集中它是一种用来同步调制连接的数据链路层协议（OSI 模型中的第二层），替代了原来非标准的第二层协议，即 SLIP。除 IP 外，PPP 还可以携带其他协议，包括 DECnet 和 Novell 的 Internet 网包交换(IPX)。PPP 的设计目的是通过拨号或专线方式建立点对点连接来发送数据，这使其成为各种主机、网桥和路由器之间简单连接的一种共通的解决方案。

相对于其他二层封装协议，PPP 的最大优势在于其支持认证。常用的 PPP 认证有：PAP 认证和 CHAP 认证。

12.2.2 PPP 组件

PPP 主要由两个组件构成：链路控制协议(Link Control Protocol,LCP)和网络层控制协议(Network Control Protocol,NCP)。PPP 的工作原理依赖这两个核心组件完成。

(1) LCP 的作用：主要负责两个网络设备之间链路的创建、维护、安全鉴别、完成通信后的链路终止等。

(2) NCP 的作用：主要负责将许多不同的第三层网络协议报文，如 TCP/IP、IPX/SPX、NetBEUI 等，进行封装，通常在 LCP 阶段后再进行 NCP 操作。

12.2.3 PPP 认证

PPP 使用 LCP 报文来协商连接(一种发送配置请求,然后接收响应的简单"握手"过程),协商中双方获得当前点对点连接的状态配置等,之后的"鉴别"阶段使用哪种鉴别方式也在这个协商中确定下来。

鉴别阶段是可选的,如果链接协商阶段并没有设置鉴别方式,则将忽略本阶段直接进入"网络"阶段。鉴别阶段使用链接协商阶段确定下来的鉴别方式来为连接授权,以起到保证点对点连接安全,防止非法终端接入点对点链路的功能。常用的鉴别认证方式有:PAP 认证和 CHAP 认证。

1. PAP 认证

密码认证协议(Password Authentication Protocol,PAP)是一种典型的明文认证协议。

PAP 主要通过使用两次握手(即仅仅通过来回两个报文)提供一种对等结点的建立认证的简单方法,这是建立在初始链路确定的基础上的。被认证方(客户端)向认证方(服务器端)以明文方式发送认证信息,包含用户名和密码。如果用户名和密码与服务器里保存的一致,那就通过认证,否则就不能通过(通过两次握手)。PAP 认证可以分为单向认证和双向认证。

PAP 认证的不安全性使我们力求寻找更加安全的协议,即 CHAP 认证。

2. CHAP 认证

挑战握手认证协议(Challenge-Handshake Authentication Protocol,CHAP)是 PPP 链路上基于密文发送的三次握手协议。

LCP 协商完成后,认证方一端发起挑战"Challenge",将 Challenge 报文发送给被认证方,报文中含有 Identifier 信息和一个随机产生的 Challenge 字符串。此 Identifier 会被后续报文所使用,一次认证过程所使用的报文均使用相同的 Identifier 信息,用于匹配请求报文和回应报文。

被认证方收到"Challenge"后,进行一次加密运算,运算公式为 MD5{Identifier+密码+Challenge},进行 MD5 运算,得到一个 16 字节长的摘要信息,最后将此摘要信息和端口上配置的 CHAP 用户名一起封装在 Response 报文中并发回认证方。

认证方接收到被认证方发送的 Response 报文后,按照其中的用户名在本地查找相应的密码信息。得到密码信息后,进行一次加密运算,运算方式和被认证方的加密运算方式相同,然后将加密运算得到的摘要信息和 Response 报文中封装的摘要信息进行比较,相同则表示认证成功,不相同则表示认证失败。

使用 CHAP 认证方式时,被认证方的密码是 Hash 才进行密文的传输,而 MD5 算法是不可逆的,无法通过结果得到原始的密码,这极大地提高了安全性。

12.2.4 命令行视图

1. PPP 命令格式

(1) 配置接口封装的链路层协议为 PPP,认证方与被认证方皆要运行 PPP,配置实施步骤如表 12-1 所示。

表 12-1　PPP 配置过程

步骤	命令	解释
1	system-view	进入系统视图
2	interface *interface-type interface-number*	进入指定的接口视图
3	link-protocol ppp	配置当前接口封装的链路层协议为 PPP。在默认情况下,接口封装的链路层协议为 PPP
4	ip address *ip-address*{*mask*|*mask-length*}	为接口指定 IP 地址

（2）配置认证方以 PAP 方式认证对端,配置实施步骤如表 12-2 所示。

表 12-2　PAP 认证方配置过程

步骤	命令	解释
1	system-view	进入系统视图
2	interface *interface-type interface-number*	进入指定的接口视图
3	ppp authentication-mode pap	配置 PPP 认证方式为 PAP。在默认情况下,PPP 协议不进行认证
4	quit	退回到系统视图
5	aaa	进入 AAA 视图
6	local-user *user-name* password{cipher|simple} *password*	配置本地用户的用户名和密码。这里配置的用户名和密码要和被认证方配置的认证用户名和密码一致
7	local-user *user-name* service-type ppp	配置本地用户使用的服务类型为 PPP

（3）配置被认证方以 PAP 方式被对端认证,配置实施步骤如表 12-3 所示。

表 12-3　PAP 被认证方配置过程

步骤	命令	解释
1	system-view	进入系统视图
2	interface *interface-type interface-number*	进入指定的接口视图
3	ppp pap local-user *username* password{cipher|simple} *password*	配置 PPP 认证方式为 PAP。在默认情况下,PPP 协议不进行认证

（4）配置认证方以 CHAP 方式认证对端,配置实施步骤如表 12-4 所示。

表 12-4　CHAP 认证方配置过程

步骤	命令	解释
1	system-view	进入系统视图
2	interface *interface-type interface-number*	进入指定的接口视图
3	ppp authentication-mode chap	配置 PPP 认证方式为 CHAP。在默认情况下,PPP 协议不进行认证

续 表

步骤	命令	解释
4	quit	退回到系统视图
5	aaa	进入 AAA 视图
6	local-user *user-name* password{cipher│simple} *password*	配置本地用户的用户名和密码。这里配置的用户名和密码要和被认证方配置的认证用户名和密码一致
7	local-user *user-name* service-type ppp	配置本地用户使用的服务类型为 PPP

（5）配置被认证方以 CHAP 方式被对端认证，配置实施步骤如表 12-5 所示。

表 12-5　CHAP 被认证方配置过程

步 骤	命 令	解 释
1	system-view	进入系统视图
2	interface *interface-type interface-number*	进入指定的接口视图
3	ppp chap user *username*	配置 CHAP 认证的用户名
4	ppp chap password{cipher│simple} *password*	配置 CHAP 认证的密码

2. 检查配置结果

（1）检查认证方配置。在 PPP 认证配置完成后，可以查看配置是否正确，如 PPP 认证方式、认证的用户名、认证密码等。PPP 认证方检查配置如表 12-6 所示。

表 12-6　PPP 认证方检查配置

序号	命 令	解 释
1	system-view	进入系统视图
2	interface *interface-type interface-number*	进入指定的接口视图
3	display this	查看接口配置 PPP 认证方式
4	display local-user	查看本地用户的配置情况

（2）检查被认证方配置。被认证方的配置比较简单，只需要检查配置 PPP 认证的接口下的 CHAP/PAP 认证的用户名和密码配置是否正确。PPP 被认证方检查配置如表 12-7 所示。

表 12-7　PPP 被认证方检查配置

序号	命 令	解 释
1	system-view	进入系统视图
2	interface *interface-type interface-number*	进入指定的接口视图
3	display this	查看接口配置 PPP 认证用户名和密码

12.3　案例需求

本案例需要两台路由器通过串行链路连接，封装 PPP 协议，分别作为认证方和被认证方；需要两台 PC 分别扮演开发部、市场部用户，并实现开发部和市场部 PC 之间相互通信。

实训目的：

- 掌握配置 PPP PAP 认证的方法。
- 掌握配置 PPP CHAP 认证的方法。
- 理解 PPP PAP 认证与 CHAP 认证的区别。

12.4　拓扑设备

配置拓扑如图 12-1 所示，设备配置地址如表 12-8 所示，本案例所选路由器设备为两台 AR2220(需要在设备里添加串口模块，在设备停止后，选中设备-右键-设置-eNSP 支持的接口卡-选中 2SA 模块，拖动到上面的视图当中)、两台终端设备 PC(分别代表开发部门、市场部门)。

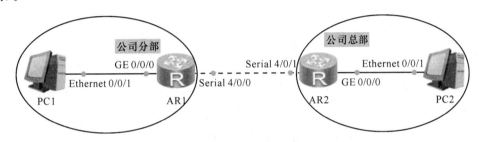

图 12-1　PPP 拓扑结构

表 12-8　设备配置地址

设　备	接　口	IP 地址	子网掩码	网　关
AR1	GE0/0/0	11.1.1.1	255.255.255.0	×
	S4/0/0	12.1.1.1	255.255.255.0	×
AR2	GE0/0/0	22.1.1.2	255.255.255.0	×
	S4/0/1	12.1.1.2	255.255.255.0	×
PC1	Ethernet0/0/1	11.1.1.11	255.255.255.0	11.1.1.1
PC2	Ethernet0/0/1	22.1.1.22	255.255.255.0	22.1.1.2

12.5　案例实施

12.5.1　PAP 认证的配置

在 PAP 认证中，口令以明文方式在链路上发送，完成 PPP 链路建立后，被验证方会不停地在链路上反复发送用户名和口令，直到身份验证过程结束，所以安全性不高。当实际应用过程中，对安全性要求不高时，可以采用 PAP 认证建立 PPP 连接。本节案例以图 12-1 进行配置实施。

1. 基本配置

配置 AR1、AR2 端口地址。

```
[AR1]interface GigabitEthernet 0/0/0
[AR1 - GigabitEthernet0/0/0]ip address 11.1.1.1 24
[AR1 - GigabitEthernet0/0/0]quit
[AR1]interfaceSerial 4/0/0
[AR1 - Serial4/0/0]ip address 12.1.1.1 24

[AR2]interface GigabitEthernet 0/0/0
[AR2 - GigabitEthernet0/0/0]ip address 22.1.1.2 24
[AR2 - GigabitEthernet0/0/0]quit
[AR2]interface Serial 4/0/1
[AR2 - Serial4/0/1]ip address 12.1.1.2 24
[AR2 - Serial4/0/1]
```

在路由器 AR1 上验证与路由器 AR2 的连通性。

```
<AR1>ping 12.1.1.2
    PING 12.1.1.2: 56   data bytes, press CTRL_C to break
    Reply from 12.1.1.2: bytes = 56 Sequence = 1 ttl = 255 time = 30 ms
    Reply from 12.1.1.2: bytes = 56 Sequence = 2 ttl = 255 time = 20 ms
    Reply from 12.1.1.2: bytes = 56 Sequence = 3 ttl = 255 time = 20 ms
    Reply from 12.1.1.2: bytes = 56 Sequence = 4 ttl = 255 time = 30 ms
    Reply from 12.1.1.2: bytes = 56 Sequence = 5 ttl = 255 time = 20 ms

    --- 12.1.1.2 ping statistics ---
    5 packet(s) transmitted
    5 packet(s) received
    0.00 % packet loss
    round - trip min/avg/max = 20/24/30 ms

<AR1>
```

2. 搭建 OSPF 网络

在每台路由器上配置 OSPF 协议,并通告相应网段到区域 0 内。

```
[AR1]ospf
[AR1 - ospf - 1]area 0
[AR1 - ospf - 1 - area - 0.0.0.0]network 12.1.1.0 0.0.0.255
[AR1 - ospf - 1 - area - 0.0.0.0]network 11.1.1.0 0.0.0.255

[AR2]ospf
[AR2 - ospf - 1]area 0
[AR2 - ospf - 1 - area - 0.0.0.0]network 12.1.1.0 0.0.0.255
[AR2 - ospf - 1 - area - 0.0.0.0]network 22.1.1.0 0.0.0.255
```

配置完成后,测试公司分部与总部之间的连通性,即在 PC1 上测试与 PC2 的连通性。

```
PC>ping 22.1.1.22

Ping 22.1.1.22: 32 data bytes, Press Ctrl_C to break
From 22.1.1.22: bytes = 32 seq = 1 ttl = 126 time = 16 ms
From 22.1.1.22: bytes = 32 seq = 2 ttl = 126 time = 16 ms
From 22.1.1.22: bytes = 32 seq = 3 ttl = 126 time = 16 ms
From 22.1.1.22: bytes = 32 seq = 4 ttl = 126 time = 16 ms
From 22.1.1.22: bytes = 32 seq = 5 ttl = 126 time = 16 ms


--- 22.1.1.22 ping statistics ---
   5 packet(s) transmitted
   5 packet(s) received
   0.00% packet loss
   round-trip min/avg/max = 16/16/16 ms
```

3. 配置 PAP 认证

为了提升公司分部与公司总部通信时的安全性,在公司分部网关设备 AR1 与公司总部核心设备 AR2 上部署 PPP 的 PAP 认证。AR2 作为认证方路由器,AR1 作为被认证方路由器。

```
[AR2]interface Serial 4/0/1
[AR2-Serial4/0/1]ppp authentication-mode pap
[AR2-Serial4/0/1]quit
[AR2]aaa
[AR2-aaa]local-user Duomi password cipher ?
   STRING<1-32>/<32-56>   The UNENCRYPTED/ENCRYPTED password string
[AR2-aaa]local-user Duomi password cipher GGDM
Info: Add a new user.
[AR2-aaa]local-user Duomi service-type ppp
[AR2-aaa]
```

关闭 AR1 与 AR2 相连接口一段时间后再打开,使 AR1 与 AR2 之间的链路重新协商,查看链路状态,并验证公司分部与公司总部之间的连通性。

```
[AR2]interface Serial 4/0/1
[AR2-Serial4/0/1]shutdown
[AR2-Serial4/0/1]undo shutdown
<AR2>display ip interface brief
*down: administratively down
^down: standby
(l): loopback
(s): spoofing
The number of interface that is UP in Physical is 3
```

```
The number of interface that is DOWN in Physical is 3
The number of interface that is UP in Protocol is 2
The number of interface that is DOWN in Protocol is 4
Interface                    IP Address/Mask      Physical    Protocol
GigabitEthernet0/0/0         22.1.1.2/24          up          up
GigabitEthernet0/0/1         unassigned           down        down
GigabitEthernet0/0/2         unassigned           down        down
NULL0                        unassigned           up          up(s)
Serial4/0/0                  unassigned           down        down
Serial4/0/1                  12.1.1.2/24          up          down
<AR2>
```

```
<AR1>ping 12.1.1.2
    PING 12.1.1.2: 56   data bytes, press CTRL_C to break
    Request time out
    Request time out
    Request time out
    Request time out
    Request time out

    --- 12.1.1.2 ping statistics ---
    5 packet(s) transmitted
    0 packet(s) received
    100.00% packet loss

<AR1>
```

结果显示不能正常通信。因为没有配置被认证方被对端以 PAP 方式验证时本地发送的 PAP 用户名和密码。

```
[AR1]interface Serial 4/0/0
[AR1 - Serial4/0/0]ppp pap local - user Duomi password cipher GGDM
```

配置完成后,再次查看链路状态并测试连通性。

```
<AR2>display ip interface brief
* down: administratively down
^down: standby
(l): loopback
(s): spoofing
The number of interface that is UP in Physical is 3
The number of interface that is DOWN in Physical is 3
The number of interface that is UP in Protocol is 3
The number of interface that is DOWN in Protocol is 3
```

```
Interface                    IP Address/Mask      Physical   Protocol
GigabitEthernet0/0/0         22.1.1.2/24          up         up
GigabitEthernet0/0/1         unassigned           down       down
GigabitEthernet0/0/2         unassigned           down       down
NULL0                        unassigned           up         up(s)
Serial4/0/0                  unassigned           down       down
Serial4/0/1                  12.1.1.2/24          up         up
< AR2 >


< AR1 > ping 12.1.1.2
    PING 12.1.1.2: 56   data bytes, press CTRL_C to break
      Reply from 12.1.1.2: bytes = 56 Sequence = 1 ttl = 255 time = 20 ms
      Reply from 12.1.1.2: bytes = 56 Sequence = 2 ttl = 255 time = 20 ms
      Reply from 12.1.1.2: bytes = 56 Sequence = 3 ttl = 255 time = 30 ms
      Reply from 12.1.1.2: bytes = 56 Sequence = 4 ttl = 255 time = 20 ms
      Reply from 12.1.1.2: bytes = 56 Sequence = 5 ttl = 255 time = 20 ms


    --- 12.1.1.2 ping statistics ---
      5 packet(s) transmitted
      5 packet(s) received
      0.00 % packet loss
      round - trip min/avg/max = 20/22/30 ms


< AR1 >
```

4. 验证配置效果

配置完成后,在 PC1 上测试与 PC2 之间的连通性。

```
PC > ping 22.1.1.22


Ping 22.1.1.22: 32 data bytes, Press Ctrl_C to break
From 22.1.1.22: bytes = 32 seq = 1 ttl = 126 time = 16 ms
From 22.1.1.22: bytes = 32 seq = 2 ttl = 126 time = 16 ms
From 22.1.1.22: bytes = 32 seq = 3 ttl = 126 time = 16 ms
From 22.1.1.22: bytes = 32 seq = 4 ttl = 126 time = 16 ms
From 22.1.1.22: bytes = 32 seq = 5 ttl = 126 time = 16 ms


    --- 22.1.1.22 ping statistics ---
      5 packet(s) transmitted
      5 packet(s) received
      0.00 % packet loss
      round - trip min/avg/max = 16/16/16 ms


PC >
```

公司总部与分公司的终端通信正常。

在路由器 AR1 上查看接口 Serial4/0/0 抓包分析,可以观察到,在数据包中很容易找到所配置的用户名和密码。"Peer-ID"显示内容为用户名,"Password"显示内容为密码,具体内容如图 12-2 所示。

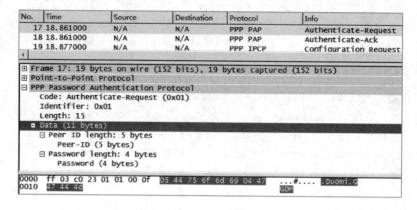

图 12-2 抓包观察

12.5.2 CHAP 认证的配置

在 CHAP 认证中,验证协议为三次握手验证协议。它只在网络上传输用户名,而并不传输用户密码,因此安全性比 PAP 认证高。当实际应用过程中,对安全性要求较高时,可以采用 CHAP 认证建立 PPP 连接。本节案例是在 PAP 配置后进行的,以图 12-1 进行配置实施。基础配置、OSPF 路由配置、认证方 AAA 配置,见 PAP 认证配置部分内容。

1. 清除 PPP PAP 认证配置

这里只删除被认证方的 PAP 配置,其他与认证方的配置无须删除。

```
[AR1]interface Serial 4/0/0
[AR1 - Serial4/0/0]undo ppp pap local - user
```

2. 配置 CHAP 认证

AR2 作为认证方路由器,AR1 作为被认证方路由器。

```
[AR2]interface Serial 4/0/1
[AR2 - Serial4/0/1]display this
[V200R003C00]
#
interface Serial4/0/1
 link - protocol ppp
 ppp authentication - mode pap
 ip address 12.1.1.2 255.255.255.0
#
return
[AR2 - Serial4/0/1]ppp authentication - mode chap//将 PAP 认证修改为 CHAP 认证
[AR2 - Serial4/0/1]
```

关闭 AR1 与 AR2 相连接口一段时间后再打开,使 AR1 与 AR2 之间的链路重新协商,并验证公司分部与公司总部之间的连通性。

```
[AR2]interface Serial 4/0/1
[AR2 - Serial4/0/1]shutdown
[AR2 - Serial4/0/1]undo shutdown

<AR1> ping 12.1.1.2
    PING 12.1.1.2: 56    data bytes, press CTRL_C to break
        Request time out
        Request time out
        Request time out
        Request time out
        Request time out

    --- 12.1.1.2 ping statistics ---
        5 packet(s) transmitted
        0 packet(s) received
        100.00% packet loss

<AR1>
```

结果显示不能正常通信。因为此时被认证方没有配置用户名和密码。在 AR1 上配置用户名和密码。

```
[AR1 - Serial4/0/0]ppp chap user duomi                //被认证方配置用户名
[AR1 - Serial4/0/0]ppp chap password cipher GGDM      //被认证方配置密码
```

配置完成后测试,测试 AR1 与 AR2 的连通性。

```
<AR1> ping 12.1.1.2
    PING 12.1.1.2: 56    data bytes, press CTRL_C to break
        Reply from 12.1.1.2: bytes = 56 Sequence = 1 ttl = 255 time = 20 ms
        Reply from 12.1.1.2: bytes = 56 Sequence = 2 ttl = 255 time = 20 ms
        Reply from 12.1.1.2: bytes = 56 Sequence = 3 ttl = 255 time = 30 ms
        Reply from 12.1.1.2: bytes = 56 Sequence = 4 ttl = 255 time = 20 ms
        Reply from 12.1.1.2: bytes = 56 Sequence = 5 ttl = 255 time = 20 ms

    --- 12.1.1.2 ping statistics ---
        5 packet(s) transmitted
        5 packet(s) received
        0.00% packet loss
        round - trip min/avg/max = 20/22/30 ms

<AR1>
```

3. 验证配置效果

配置完成后,在 PC1 上测试与 PC2 之间的连通性。

```
PC > ping 22.1.1.22

Ping 22.1.1.22:32 data bytes, Press Ctrl_C to break
From 22.1.1.22:bytes = 32 seq = 1 ttl = 126 time = 16 ms
From 22.1.1.22:bytes = 32 seq = 2 ttl = 126 time = 16 ms
From 22.1.1.22:bytes = 32 seq = 3 ttl = 126 time = 16 ms
From 22.1.1.22:bytes = 32 seq = 4 ttl = 126 time = 16 ms
From 22.1.1.22:bytes = 32 seq = 5 ttl = 126 time = 16 ms

--- 22.1.1.22 ping statistics ---
    5 packet(s) transmitted
    5 packet(s) received
    0.00 % packet loss
    round - trip min/avg/max = 16/16/16 ms

PC >
```

结果显示:公司总部与分公司的终端通信正常。

在路由器 AR1 上查看接口 Serial4/0/0 抓包分析,如图 12-3 所示,可以观察到,数据包内容已经以加密方式发送,攻击者无法截获认证密码,安全性得到了提升。

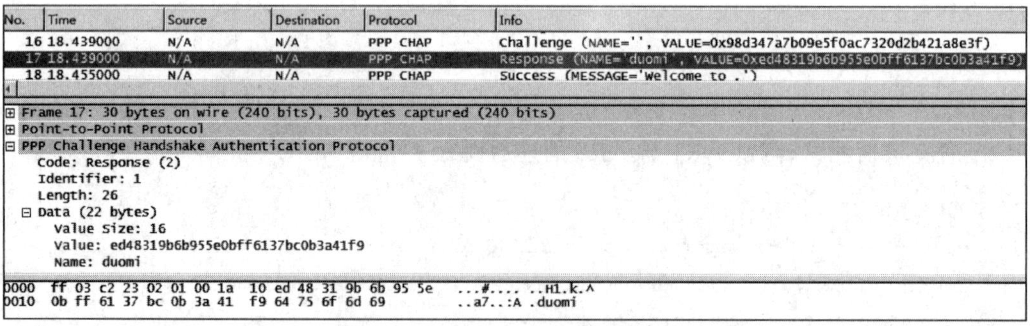

No.	Time	Source	Destination	Protocol	Info
16	18.439000	N/A	N/A	PPP CHAP	Challenge (NAME='', VALUE=0x98d347a7b09e5f0ac7320d2b421a8e3f)
17	18.439000	N/A	N/A	PPP CHAP	Response (NAME='duomi', VALUE=0xed48319b6b955e0bff6137bc0b3a41f9)
18	18.455000	N/A	N/A	PPP CHAP	Success (MESSAGE='Welcome to .')

```
⊞ Frame 17: 30 bytes on wire (240 bits), 30 bytes captured (240 bits)
⊞ Point-to-Point Protocol
⊟ PPP Challenge Handshake Authentication Protocol
    Code: Response (2)
    Identifier: 1
    Length: 26
  ⊟ Data (22 bytes)
      Value Size: 16
      Value: ed48319b6b955e0bff6137bc0b3a41f9
      Name: duomi

0000  ff 03 c2 23 02 01 00 1a  10 ed 48 31 9b 6b 95 5e   ...#.... ..H1.k.^
0010  0b ff 61 37 bc 0b 3a 41  f9 64 75 6f 6d 69          ..a7..:A .duomi
```

图 12-3 抓包分析

12.6 常见问题与解决方法

1. 常见问题

(1) 问题一

在接口上配置 PPP 后,LCP 协商不成功导致接口协议 Down,常见的原因有哪些?

(2) 问题二

当 PPP 链路 Up 后,在 PPP 链路一端加上认证配置而另一端不加,为什么一定要重启端口后认证才能生效使双方不能正常通信?

2. 解决方法

（1）问题一的解决方法

常见的故障原因主要有：

① 链路两端接口上的 PPP 相关配置错误；

② 接口的物理层没有 Up；

③ PPP 报文被丢弃；

④ 链路存在环路；

⑤ 检查链路延时是否影响上层业务。

（2）问题二的解决方法

PPP 认证的协商发生在 PPP 会话建立阶段，当 PPP 会话成功建立后，PPP 链路将一直保持通信，不再更改协商的参数直至关闭这条链路的连接。只有关闭连接后重新建立会话时才重新协商参数，认证方式的更改才能生效。

12.7 创 新 训 练

12.7.1 训练目的

- 掌握配置 PPP CHAP 认证的方法。
- 理解 PPP CHAP 工作原理。
- 掌握 PPP CHAP 配置结果的检查方法。

12.7.2 训练拓扑

拓扑结构如图 12-4 所示。图中，AR4、AR5、AR6 为 AR2220 类型设备（需要在设备里添加串口模块，设备停止后，选中设备-右键-设置-eNSP 支持的接口卡，选中 2SA 模块，拖动到上面的视图当中），最终实现 PC 主机之间相互通信。

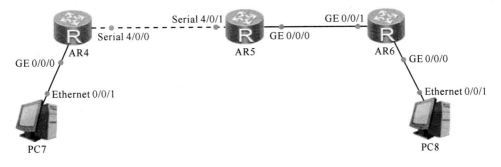

图 12-4 拓扑结构图

12.7.3 训练要求

1. 网络布线

根据拓扑图进行网络布线。

2. 实验编址

根据网络拓扑图设计网络设备的 IP 编址,填写表 12-9 所示地址表,根据需要填写,不需要的填写×。

表 12-9 设备配置地址

设 备	接 口	IP 地址	子网掩码	网 关
AR4	GE0/0/0			
	S4/0/0			
AR5	GE0/0/0			
	S4/0/1			
AR6	GE0/0/0			
	GE0/0/1			
PC7	Ethernet0/0/1			
PC8	Ethernet0/0/1			

3. 主要步骤

(1)搭建训练环境。

根据表 12-9 填写的 IP 地址,进行 PC7、PC8 地址设置。

(2)基本配置。

配置 AR4、AR5、AR6 路由器名、接口地址信息。

(3)配置 OSPF 路由。

配置拓扑结构图中所有路由器的 OSPF 路由协议。

(4)配置 PPP CHAP。

配置 CHAP,路由器 AR4 作为被认证方,路由器 AR5 作为认证方。

(5)验证测试。

配置完成后,在 PC7 上测试与 PC8 之间的连通性。

第四篇

网络服务与网络安全篇

重要知识

实训 13　DHCP 协议的配置

13.1　实训背景

随着业务发展壮大，某公司内部客户端不断增加，办公规模从起初的几间办公室发展成为整栋大楼。为了方便管理员的管理，网络 IP 分配形式也从静态分配形式改为动态分配，即利用 DHCP 协议实现分配。

13.2　技能知识

13.2.1　DHCP 概述

动态主机配置协议(Dynamic Host Configuration Protocol，DHCP)是 IETF 为实现 IP 的自动配置而设计的协议，它可以为客户机自动分配 IP 地址、子网掩码以及默认网关、DNS 服务器的 IP 地址等 TCP/IP 参数。

DHCP 是一个基于广播的协议，它的操作可以归结为四个阶段：IP 租用请求、IP 租用提供、IP 租用选择、IP 租用确认。

1. IP 租用请求

在任何时候，客户计算机如果设置为自动获取 IP 地址，那么在它开机时，就会检查自己当前是否租用了一个 IP 地址。如果没有，它就向 DCHP 服务器请求一个租用，由于该客户计算机并不知道 DHCP 服务器的地址，所以会用 255.255.255.255 作为目标地址，源地址使用 0.0.0.0，在网络上广播一个 DHCP DISCOVER 消息，消息包含客户计算机的媒体访问控制(MAC)地址以及它的 NetBIOS 名字。

2. IP 租用提供

当 DHCP 服务器接收到一个来自客户的 IP 租用请求时，它会根据自己的作用域地址池为该客户保留一个 IP 地址并且在网络上广播一个来实现，该消息包含客户的 MAC 地址、服务器所能提供的 IP 地址、子网掩码、租用期限，以及提供该租用的 DHCP 服务器本身的 IP 地址。

3. IP 租用选择

如果子网还存在其他 DHCP 服务器，那么客户机在接受了某个 DHCP 服务器的 DHCP OFFER 消息后，会广播一条包含提供租用的服务器的 IP 地址的 DHCP REQUEST 消息，在该子网中通告所有其他 DHCP 服务器它已经接收了一个地址的提供，其他 DHCP 服务器在接收到这条消息后，就会撤销为该客户提供的租用。然后把为该客户分配的租用地址返回到地址池中,该地址将可以重新作为一个有效地址提供给别的计算机使用。

4. IP 租用确认

DHCP 服务器接收到来自客户的 DHCP REQUEST 消息,它就开始配置过程的最后一个阶段,这个确认阶段由 DHCP 服务器发送一个 DHCP ACK 包给客户,该包包括一个租用期限和客户请求的所有其他配置信息。

13.2.2　DHCP 相关术语

1. DHCP 服务器

DHCP 服务器(DHCP Server),负责客户端 IP 地址的分配。客户端向服务器发送配置申请报文(包括 IP 地址、子网掩码、默认网关等参数),服务器根据策略返回携带相应配置信息的报文,请求报文和回应报文都采用 UDP 进行封装。

2. DHCP 中继

DHCP 中继(DHCP Relay),它是为解决服务器和客户端不在同一个网段而提出来的,它提供了对 DHCP 广播报文的透明传输功能,能够把 DHCP 客户端的广播报文透明地传送到其他网段的 DHCP 服务器,同样能够把 DHCP 服务器端的广播报文透明地传送到其他网段的 DHCP 客户端。

13.2.3　命令行视图

1. DHCP 命令格式

DHCP 的全局地址池配置实施步骤,如表 13-1 所示。

表 13-1　DHCP 的全局地址池配置过程

步骤	命令	解释
1	system-view	进入系统视图
2	dhcp enable	DHCP 服务功能开启
3	interface *interface-type interface-number*	进入接口视图
4	ip address *ip-address* {*mask*|*mask-length*}	配置接口的 IP 地址。 　配置接口的 IP 地址后,此接口的用户申请 IP 地址时,情况如下。 　• 如果 DHCP 客户端和 DHCP 服务器处于同一个网段,中间没有中继设备,那么会选择与此接口的 IP 地址在同一个网段的地址池来分配 IP 地址。如果接口未配置 IP 地址,或者没有和接口地址在相同网段的地址池,用户无法上线。 　• 如果 DHCP 客户端和 DHCP 服务器处于不同网段,中间存在中继设备,那么需解析收到的 DHCP 请求报文中 giaddr 字段指定的 IP 地址。如果该 IP 地址匹配不到相应的地址池,那么用户上线失败
5	dhcp select global	配置接口工作在全局地址池模式,从该接口上线的用户可以从全局地址池中获取 IP 地址等配置信息

DHCP 的全局地址池相关属性配置实施步骤,如表 13-2 所示。

表 13-2　DHCP 的全局地址池相关属性配置过程

步骤	命　令	解　释
1	system-view	进入系统视图
2	ip pool *ip-pool-name*	进入全局地址池视图
3	network *ip-address* [mask {*mask* | *mask-length*}]	配置全局地址池可动态分配的 IP 地址范围
4	lease{day *day*[hour *hour*[minute *minute*]]| unlimited}	配置 IP 地址租期。在默认情况下,IP 地址的租期为 1 天。对于不同的地址池,DHCP 服务器可以指定不同的地址租用期限,但同一地址池中的地址都具有相同的期限
5	excluded-ip-address *start-ip-address* [*end-ip-address*]	配置地址池中不参与自动分配的 IP 地址
6	domain-name *domain-name*	配置分配给 DHCP 客户端的 DNS 域名
7	dns-list *ip-address* & <1-8>	为 DHCP 客户端指定 DNS 服务器的 IP 地址
8	gateway-list *ip-address* & <1-8>	配置 DHCP 客户端的出口网关地址

DHCP 中继的配置实施步骤,如表 13-3 所示。

表 13-3　DHCP 中继的配置过程

步骤	命　令	解　释
1	system-view	进入系统视图
2	dhcp enable	DHCP 服务功能开启
3	dhcp server group *group-name*	创建 DHCP 服务器组并进入 DHCP 服务器组视图
4	dhcp-server *ip-address*	向 DHCP 服务器组中添加 DHCP 服务器
5	quit	退出
6	interface *interface-type interface-number*	进入接口视图
7	ip address *ip-address* {*mask*|*mask-length*}	配置接口的 IP 地址。配置服务器上 IP 地址池的出口网关时,出口网关的 IP 地址和 DHCP 中继的 IP 地址必须完全一致
8	dhcp select relay	启动接口的 DHCP 中继功能
9	dhcp relay server-select *group-name*	指定接口对应的 DHCP 服务器组

2. 检查配置结果

DHCP 功能配置成功后,检查配置结果,检查配置命令如表 13-4 所示。

表 13-4　DHCP 检查配置

序号	命 令	解 释
1	display dhcp server statistics	查看 DHCP 服务器的统计信息
2	display ip pool name *ip-pool-name*	查看已经配置的全局地址池信息
3	display ip pool interface *interface-name*	查看已经配置的接口地址池信息
4	display dhcp relay〔all｜interface *interface-type interface-number*〕	查看接口配置的中继 DHCP 服务器组和服务器组对应的服务器
5	display dhcp relay statistics	查看 DHCP 中继统计信息

13.3　案例需求

本案例需要两台路由器，分别模拟 DHCP 服务器、DHCP 中继；需要一台交换机，作为接入层设备使用；需要两台 PC 模拟终端设备使用。

实训目的：

- 了解 DHCP 的工作原理。
- 掌握将华为路由器配置为 DHCP 服务器的方法。
- 掌握将华为路由器配置为 DHCP 中继的方法。
- 掌握检测 DHCP 配置的方法。

13.4　拓扑设备

配置拓扑如图 13-1 所示，设备配置地址如表 13-5 所示，本案例所选设备为两台 AR2220 路由器、一台交换机（不需要对其配置）、两台终端设备 PC（代表 DHCP 客户端）。

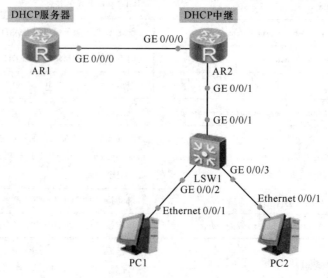

图 13-1　DHCP 拓扑环境

表 13-5 设备配置地址

设 备	接 口	IP 地址	子网掩码
AR1	GE0/0/0	12.1.1.1	255.255.255.0
AR2	GE0/0/0	12.1.1.2	255.255.255.0
	GE0/0/1	22.1.1.2	255.255.255.0
LSW1	GE0/0/1	×	×
	GE0/0/2	×	×
	GE0/0/3	×	×
PC1	Ethernet0/0/1	自动获取	自动获取
PC2	Ethernet0/0/1	自动获取	自动获取

13.5 案例实施

DHCP 的配置案例如下。

1. DHCP 服务器的配置

设备 AR1 扮演 DHCP 服务器的角色,对 AR1 的主要配置命令如下。

```
< Huawei > system - view
Enter system view, return user view with Ctrl + Z.
[Huawei]sysname AR1
[AR1]interface GigabitEthernet 0/0/0
[AR1 - GigabitEthernet0/0/0]ip address 12.1.1.1 24
[AR1 - GigabitEthernet0/0/0]quit
[AR1]dhcp enable
[AR1]ip pool DMGG
[AR1 - ip - pool - DMGG]network 22.1.1.0 mask 255.255.255.0
[AR1 - ip - pool - DMGG]gateway - list 22.1.1.2
[AR1 - ip - pool - DMGG]excluded - ip - address 22.1.1.50 22.1.1.100
[AR1 - ip - pool - DMGG]lease day 5
[AR1 - ip - pool - DMGG]dns - list 8.8.8.8
[AR1 - ip - pool - DMGG]quit
[AR1]interface GigabitEthernet 0/0/0
[AR1 - GigabitEthernet0/0/0]dhcp select global
[AR1 - GigabitEthernet0/0/0]
```

2. DHCP 中继的配置

设备 AR2 扮演 DHCP 中继的角色,对 AR2 的主要配置命令如下。

```
<Huawei>system-view
Enter system view, return user view with Ctrl+Z.
[Huawei]sysname AR2
[AR2]interface GigabitEthernet 0/0/0
[AR2-GigabitEthernet0/0/0]ip address 12.1.1.2 24
[AR2-GigabitEthernet0/0/0]interface GigabitEthernet 0/0/1
[AR2-GigabitEthernet0/0/1]ip address 22.1.1.2 24
[AR2-GigabitEthernet0/0/1]quit
[AR2]dhcp enable
[AR2]dhcp server group Duomi
Info:It's successful to create a DHCP server group.
[AR2-dhcp-server-group-Duomi]dhcp-server 12.1.1.1
[AR2-dhcp-server-group-Duomi]quit
[AR2]interface GigabitEthernet 0/0/1
[AR2-GigabitEthernet0/0/1]dhcp select relay
[AR2-GigabitEthernet0/0/1]dhcp relay server-select Duomi
[AR2-GigabitEthernet0/0/1]
```

3. 配置静态路由

定义一条静态路由的目的是告诉 AR1 如何将信息发往 DHCP 客户端所在的网段。

```
[AR1]ip route-static 22.1.1.0 255.255.255.0 12.1.1.2
```

4. 验证配置效果

设置 PC1、PC2 IP 地址为自动获取。在 PC1 命令行中分别运行命令 ipconfig、ipconfig/release、ipconfig/renew 查看信息,显示结果如下。

```
PC>ipconfig            //显示地址信息

Link local IPv6 address...........: fe80::5689:98ff:fe45:f00
IPv6 address.....................: ::/128
IPv6 gateway.....................: ::
IPv4 address.....................: 22.1.1.254
Subnet mask.....................: 255.255.255.0
Gateway.........................: 22.1.1.2
Physical address.................: 54-89-98-45-0F-00
DNS server.......................: 8.8.8.8


PC>ipconfig /release   //释放地址信息


IP Configuration


Link local IPv6 address...........: fe80::5689:98ff:fe45:f00
```

```
IPv6 address......................: :: / 128
IPv6 gateway.....................: ::
IPv4 address.....................: 0.0.0.0
Subnet mask......................: 0.0.0.0
Gateway..........................: 0.0.0.0
Physical address.................: 54 - 89 - 98 - 45 - 0F - 00
DNS server.......................:


PC > ipconfig /renew      //重新获取地址信息


IP Configuration


Link local IPv6 address...........: fe80::5689:98ff:fe45:f00
IPv6 address......................: :: / 128
IPv6 gateway.....................: ::
IPv4 address.....................: 22.1.1.254
Subnet mask......................: 255.255.255.0
Gateway..........................: 22.1.1.2
Physical address.................: 54 - 89 - 98 - 45 - 0F - 00
DNS server.......................: 8.8.8.8
```

13.6　常见问题与解决方法

1. 常见问题

（1）问题一

路由器作为 DHCP Server，DHCP 客户端无法获取 IP 地址，常见的原因有哪些？

（2）问题二

路由器作为 DHCP Relay，DHCP 客户端无法获取 IP 地址，常见的原因有哪些？

2. 解决方法

（1）问题一的解决方法

路由器作为 DHCP Server 可以为同一个网段或不同网段内的客户端分配 IP 地址。该故障现象的常见原因主要包括：

① 客户端与服务器之间的链路有故障。

② 路由器未使能 DHCP 功能。

③ 路由器接口下没有选择 DHCP 分配地址的方式。

④ 当选择从全局地址池中分配 IP 地址时：如果客户端与服务器在同一个网段内，那么全局地址池中的 IP 地址与路由器接口的 IP 地址不在同一个网段中；如果客户端与服务器不在同一个网段内，中间存在中继设备，那么全局地址池中的 IP 地址与中继设备接口的 IP 地址不在同一个网段中。

⑤ 地址池中没有可用的 IP 地址可分配。

（2）问题二的解决方法

DHCP 客户端（DHCP Client）和 DHCP 服务器（DHCP Server）不在同一个网段内时，路由器作为 DHCP 中继（DHCP Relay）连接客户端和 DHCP 服务器，DHCP 服务器通过 DHCP 中继为客户端分配 IP 地址。该故障现象的常见原因主要有：

① DHCP 客户端与 DHCP 服务器之间的链路有故障；DHCP 客户端与 DHCP 中继之间的链路有故障；DHCP 中继与 DHCP 服务器之间的链路有故障。

② 路由器未全局开启 DHCP 功能，导致 DHCP 功能没有生效。

③ 路由器未开启 DHCP 中继功能，导致 DHCP 中继功能没有生效。

④ DHCP 中继没有配置所代理的 DHCP 服务器。DHCP 中继没有配置所代理的 DHCP 服务器的 IP 地址；DHCP 中继接口没有绑定 DHCP 服务器组，或者绑定的 DHCP 服务器组中没有配置所代理的 DHCP 服务器。

⑤ 链路的其他设备配置错误。

13.7 创新训练

13.7.1 训练目的

掌握 DHCP 的配置；理解 DHCP 工作原理。

13.7.2 训练拓扑

拓扑结构如图 13-2 所示。图中，AR1-1 与 AR2-1 为 AR2220，它们分别扮演 DHCP 服务器角色和 DHCP 中继角色。PC1-1 与 PC2-1 为 DHCP 客户端自动从服务器获取 IP 地址信息，最终实现 PC 主机之间可相互通信。

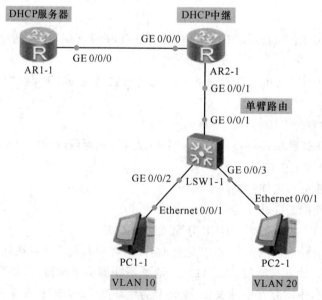

图 13-2 拓扑结构图

13.7.3　训练要求

1. 网络布线

根据拓扑图进行网络布线(使用 AR2220 路由器)。

2. 实验编址

根据网络拓扑图设计网络设备的 IP 编址,填写表 13-6 所示地址表,根据需要填写,不需要的填写×。

表 13-6　设备配置地址表

设　备	接　口	IP 地址	子网掩码
AR1-1	GE0/0/0		
AR2-1	GE0/0/0		
	GE0/0/1		
LSW1-1	GE0/0/1		
	GE0/0/2		
	GE0/0/3		
	Vlanif 10		
	Vlanif 20		
PC1-1	Ethernet0/0/1		
PC2-1	Ethernet0/0/1		

3. 主要步骤

(1) 搭建训练环境,根据表 13-6 填写的 IP 地址,进行 PC1-1、PC2-1 设置。

(2) 在路由器 AR1-1 上配置。

① 配置路由器名 AR1。

② 在路由器 AR1 上配置端口 GE 0/0/0 IP 地址。

③ 配置 DHCP(需要定义两个全局地址池与两个客户端相对应)。

④ 配置定义两条静态路由,将信息发往两个客户端所在的网段。

(3) 在路由器 AR2-1 上配置。

① 配置路由器名 AR2。

② 在路由器 AR2 上配置端口 GE 0/0/0、GE 0/0/1 IP 地址。

③ 配置 DHCP 中继。

④ 配置单臂路由。

```
interface GigabitEthernet0/0/1.10        //创建子接口
  dot1q termination vid 10               //配置802.1Q封装并且指定端口PVID为10
  ip address 22.1.10.2 255.255.255.0     //具体参数请根据表13-6进行修改
  arp broadcast enable                   //启用子接口的ARP广播功能
  dhcp select relay
  dhcp relay server-select Duomi
```

```
#
interface GigabitEthernet0/0/1.20              //创建子接口
  dot1q termination vid 20                     //配置 802.1Q 封装并且指定端口 PVID 为 20
  ip address 22.1.20.2 255.255.255.0           //具体参数请根据表 13-6 进行修改
  arp broadcast enable                         //启用子接口的 ARP 广播功能
  dhcp select relay
  dhcp relay server - select Duomi
```

（4）在路由器 LSW1-1 上配置。

① 配置交换机名为 LSW1。

② 将交换机端口 GE 0/0/2、GE 0/0/3 设置为 Access 类型，并划分给相对应的 VLAN。

③ 将交换机端口 GE 0/0/1 设置为 Trunk 类型。

（5）验证测试。

PC1-1 ping 通 PC2-1。

实训 14　ACL 的配置

14.1　实训背景

  某公司的经理部、财务部和销售部分属于不同的三个网段,三个部门之间用路由器进行信息传递。为了安全起见,要求销售部不能访问财务部,但经理部可以访问财务部。

  由于公司的客户较多,经常有与公司合作的客户来公司学习或经验交流,为了方便客户,增加了临时办公区。要求临时办公区不能访问公司指定的 Web 服务器,而公司内部其他办公区可以访问。

14.2　技能知识

14.2.1　访问控制列表概述

  访问控制列表(Access Control List,ACL)是网络设备配置中一项常用的技术,它可以根据需求来定义过滤的条件以及匹配条件后执行的动作。ACL 是由 permit 或 deny 语句组成的一系列有顺序规则的集合,它通过匹配报文的信息实现对报文的分类。网络设备根据 ACL 定义的规则来判断哪些报文可以接收,哪些报文需要拒绝,从而实现对报文的过滤。

  在一个 ACL 中可以有多条匹配语句,每条语句由匹配项和行为构成,行为即为允许或拒绝。当路由器接收到一个数据包,并需要使用 ACL 对其进行匹配时,路由器会按照从上到下的顺序,将数据包与 ACL 中的每条语句逐一对比,匹配成功立马停止。如果路由器中数据包与 ACL 中的语句都不匹配,则默认允许通过。

14.2.2　访问控制列表的类型

  ACL 的类型按照功能来分,可以分为基本 ACL、高级 ACL、二层 ACL、基于接口的ACL、自定义 ACL、基于 MPLS 的 ACL 等。其中,最常使用的是基本 ACL 和高级 ACL。

  在实现路由器 ACL 功能时,要考虑 ACL 类型,而 ACL 类型又与 ACL 编号有关系。

  基本 ACL 编号为 2 000~2 999。

  高级 ACL 编号为 3 000~3 999。

14.2.3　访问控制列表配置

  ACL 配置分为以下两个步骤。

步骤 1　配置 ACL。

步骤 2　应用 ACL。

配置 ACL,主要定义规则,包括 ACL 编号以及匹配语句。应用 ACL,将定义好的规则应用到指定接口。

14.2.4　命令行视图

1. ACL 命令格式

（1）删除 ACL 配置

ACL 配置完成后,如果发现配置错误而需要删除 ACL 配置,可执行表 14-1 所示的配置实施步骤。

表 14-1　删除 ACL 的配置过程

步　骤	命　令	解　释
1	system-view	进入系统视图
2	undo acl{*acl-number*|all}	删除指定的 ACL 访问控制列表

（2）配置基本 ACL

基本 ACL 可以根据源地址对数据包进行分类定义,基本 ACL 的配置实施步骤如表 14-2 所示。

表 14-2　基本 ACL 的配置过程

步　骤	命　令	解　释
1	system-view	进入系统视图
2	acl *acl-number*	以编号创建一个基本 ACL。要创建基本 ACL,acl-number 的取值范围必须是 2 000～2 999
3	rule[*rule-id*]{deny|permit} source{*source-address source-wildcard*|any}	配置 ACL 规则。deny 用来指定拒绝符合条件的数据包,permit 用来指定允许符合条件的数据包,source 用来指定 ACL 规则匹配报文的源地址信息,any 表示任意源地址。一个访问控制列表是由若干 permit 或 deny 语句组成的一系列规则的列表,若干个规则列表构成一个访问控制列表
4	quit	退出
5	interface *interface-type interface-number*	进入接口视图
6	traffic-filter{inbound|outbound}acl{*acl-number*}	配置基于 ACL 对报文进行过滤

（3）配置高级 ACL

高级 ACL 可以根据源地址信息、目的地址信息、协议类型、TCP 的源端口、目的端口、ICMP 协议的类型、ICMP 报文的消息码等元素定义规则,对数据包进行更为细致的分类定义。

高级 ACL 的配置实施步骤,如表 14-3 所示。

表 14-3 高级 ACL 的配置过程

步 骤	命 令	解 释
1	system-view	进入系统视图
2	acl *acl-number*	以编号创建一个高级 ACL。要创建高级 ACL,acl-number 的取值范围是 3 000~3 999
3	rule[*rule-id*]{deny│permit} ip[destination{*destination-address destination-wildcard* │any}│source{*source-address source-wildcard* │any}]	配置 ACL 规则。deny 用来指定拒绝符合条件的数据包,permit 用来指定允许符合条件的数据包,source 用来指定 ACL 规则匹配报文的源地址信息,any 表示任意源地址。一个访问控制列表是由若干 permit 或 deny 语句组成的一系列规则的列表,若干个规则列表构成一个访问控制列表。如果是 TCP 或者 UDP 协议,还要加上端口号和目标端口号
4	quit	退出
5	interface *interface-type interface-number*	进入接口视图
6	traffic-filter{inbound│outbound}acl{*acl-number*}	配置基于 ACL 对报文进行过滤

2. 检查配置结果

ACL 功能配置成功后,检查配置命令,如表 14-4 所示。

表 14-4 ACL 检查配置

命 令	解 释
display acl *acl-number*	查看以编号创建的 ACL 规则

14.3 案 例 需 求

本次任务实训案例一,配置基本的 ACL 需要一台路由器与三台 PC 直接相连,三台 PC 分别扮演三个办公区用户的角色(分别为经理部、销售部、财务部),实现经理部可以访问财务部,销售部不可以访问财务部。

本次任务实训案例二,配置高级的 ACL 需要两台路由器、两台 PC 客户端、一台服务器相连接,两台 PC 分别扮演两个办公区用户的角色(分别为办公区、临时办公区),实现办公区可以访问公司服务器,而临时办公区不可以访问服务器。

实训目的:

- 理解基本 ACL 的应用场景。
- 掌握配置基本 ACL 的方法。
- 理解高级 ACL 的应用场景。
- 掌握配置高级 ACL 的方法。
- 理解高级 ACL 与基本 ACL 的区别。

14.4 拓 扑 设 备

1. 基本 ACL

配置拓扑如图 14-1 所示，设备配置地址如表 14-5 所示，本案例所选设备为一台 AR2220 路由器、三台终端设备 PC(分别代表经理部、销售部、财务部三个办公区)。

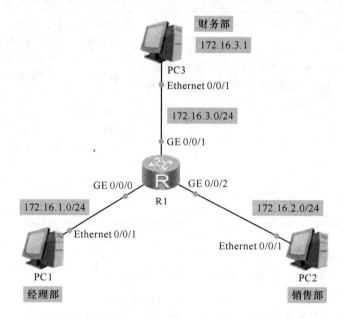

图 14-1　基本 ACL 配置

表 14-5　设备配置地址

设　备	接　口	IP 地址	子网掩码	网　关
R1	GE0/0/0	172.16.1.254	255.255.255.0	×
	GE0/0/1	172.16.3.254	255.255.255.0	×
	GE0/0/2	172.16.2.254	255.255.255.0	×
PC1	Ethernet0/0/1	172.16.1.1	255.255.255.0	172.16.1.254
PC2	Ethernet0/0/1	172.16.2.1	255.255.255.0	172.16.2.254
PC3	Ethernet0/0/1	172.16.3.1	255.255.255.0	172.16.3.254

2. 高级 ACL

配置拓扑如图 14-2 所示，设备配置地址如表 14-6 所示，本案例所选设备为两台 AR2220 路由器、两台终端设备 PC(分别代表办公区、临时办公区)、一台服务器(为公司 Web 服务器)。

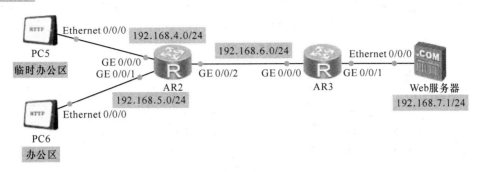

图 14-2　高级 ACL 配置

表 14-6　设备配置地址

设　备	接　口	IP 地址	子网掩码	网　关
AR2	GE0/0/0	192.168.4.254	255.255.255.0	×
	GE0/0/1	192.168.5.254	255.255.255.0	×
	GE0/0/2	192.168.6.1	255.255.255.0	×
AR3	GE0/0/0	192.168.6.2	255.255.255.0	×
	GE0/0/1	192.168.7.254	255.255.255.0	×
PC5	Ethernet0/0/0	192.168.4.1	255.255.255.0	192.168.4.254
PC6	Ethernet0/0/0	192.168.5.1	255.255.255.0	192.168.5.254
Web 服务器	Ethernet0/0/0	192.168.7.1	255.255.255.0	192.168.7.254

14.5　案例实施

14.5.1　基本 ACL 配置

1. 基本配置

命名路由器为 R1,配置路由器端口 IP 地址。路由器三个端口的地址配置如表 14-5 所示,主要命令如下。

```
[Huawei]sysname R1
[R1]interface GigabitEthernet 0/0/0
[R1 - GigabitEthernet0/0/0]ip address 172.16.1.254 255.255.255.0
[R1]interface GigabitEthernet 0/0/1
[R1 - GigabitEthernet0/0/1]ip address 172.16.3.254 255.255.255.0
[R1]interface GigabitEthernet 0/0/2
[R1 - GigabitEthernet0/0/2]ip address 172.16.2.254 255.255.255.0
```

2. 设置主机 IP

对照表 14-5,设置 PC 的 IP 地址、子网掩码、网关。

3. 过程测试

使用 ping 命令进行测试,要求三台 PC 能够相互通信。因为只有在三台 PC 互通的前提下才可进行下一步——配置基本的控制列表。

在 PC1 上 ping PC3、PC2 上 ping PC3。

```
PC > ping 172.16.3.1

Ping 172.16.3.1: 32 data bytes, Press Ctrl_C to break
From 172.16.3.1: bytes = 32 seq = 1 ttl = 127 time = 16 ms
From 172.16.3.1: bytes = 32 seq = 2 ttl = 127 time = 16 ms
From 172.16.3.1: bytes = 32 seq = 3 ttl = 127 time = 16 ms
From 172.16.3.1: bytes = 32 seq = 4 ttl = 127 time < 1 ms
From 172.16.3.1: bytes = 32 seq = 5 ttl = 127 time = 16 ms


--- 172.16.3.1 ping statistics ---
    5 packet(s) transmitted
    5 packet(s) received
    0.00 % packet loss
    round - trip min/avg/max = 0/12/16 ms


PC >
```

通过观察,PC1 ping 通 PC3、PC1 ping 通 PC3,并且所有终端用户设备之间都可以相互通信。

4. 定义基本 ACL 规则

选择 ACL 编号为 2 000。

```
[R1]acl 2000
[R1 - acl - basic - 2000]rule deny source 172.16.2.0 0.0.0.255
[R1 - acl - basic - 2000]
```

5. 将定义好的规则应用在接口上

```
[R1]interface Ethernet0/0/1
[R1 - Ethernet0/0/1]traffic - filter outbound acl 2000
[R1 - Ethernet0/0/1]
```

6. 结果验证

在 PC1 上验证与 PC3 的连通性。

```
PC > ping 172.16.3.1

Ping 172.16.3.1: 32 data bytes, Press Ctrl_C to break
From 172.16.3.1: bytes = 32 seq = 1 ttl = 127 time = 16 ms
From 172.16.3.1: bytes = 32 seq = 2 ttl = 127 time = 16 ms
From 172.16.3.1: bytes = 32 seq = 3 ttl = 127 time = 16 ms
```

```
From 172.16.3.1：bytes = 32 seq = 4 ttl = 127 time < 1 ms
From 172.16.3.1：bytes = 32 seq = 5 ttl = 127 time = 16 ms


--- 172.16.3.1 ping statistics ---
   5 packet(s) transmitted
   5 packet(s) received
   0.00 % packet loss
   round - trip min/avg/max = 0/12/16 ms


PC >
```

结果显示,PC1 ping 通 PC3,即经理部可以访问财务部。

在 PC2 上验证与 PC3 的连通性。

```
PC > ping 192.168.3.1

Ping 192.168.3.1：32 data bytes，Press Ctrl_C to break
Request timeout！
Request timeout！
Request timeout！
Request timeout！
Request timeout！


--- 192.168.3.1 ping statistics ---
   5 packet(s) transmitted
   0 packet(s) received
   100.00 % packet loss


PC >
```

结果显示,PC2 ping 不通 PC3,即销售部不能访问财务部。

14.5.2　高级 ACL 配置

1. AR2 基本配置

配置路由器 AR2,对其命名,并配置端口地址,主要命令如下。

```
[Huawei]sysname AR2
[AR2]interface GigabitEthernet 0/0/0
[AR2 - GigabitEthernet0/0/0]ip address 192.168.4.254 255.255.255.0
[AR2]interface GigabitEthernet 0/0/1
[AR2 - GigabitEthernet0/0/1]ip address 192.168.5.254 255.255.255.0
[AR2]interface GigabitEthernet 0/0/2
[AR2 - GigabitEthernet0/0/2]ip address 192.168.6.1 255.255.255.0
[AR2 - GigabitEthernet0/0/2]
```

2. AR3 基本配置

对 AR3 命名，并配置端口地址，主要命令如下。

```
[Huawei]sysname AR3
[AR3]interface GigabitEthernet 0/0/0
[AR3-GigabitEthernet0/0/0]ip address 192.168.6.2 255.255.255.0
[AR3]interface GigabitEthernet 0/0/1
[AR3-GigabitEthernet0/0/1]ip address 192.168.7.254 255.255.255.0
[AR3-GigabitEthernet0/0/1]
```

3. 配置静态路由

配置 AR2 静态路由，实现全网互通。

```
[AR2]ip route-static 192.168.7.0 255.255.255.0 192.168.6.2
```

配置 AR3 静态路由，具体如下。

```
[AR3]ip route-static 192.168.4.0 255.255.255.0 192.168.6.1
[AR3]ip route-static 192.168.5.0 255.255.255.0 192.168.6.1
```

4. 设置主机 IP

对照表 14-6，设置所有终端设备的 IP 地址、子网掩码、网关。

启动 Web Server：双击"Web Server"，单击"服务器信息"窗口，选中"HttpServer"，选择配置文件根目录，然后单击"启动"，如图 14-3 所示。

图 14-3　启动 Web Server

5. 过程测试

使用 ping 命令进行测试,要求三台终端设备相互通信。因为只有在三台终端设备互通的前提下才可进行下一步——配置高级 ACL。

在 PC6 Web 浏览器中输入:http:// 192.168.7.1(success)。

在 PC5 Web 浏览器中输入:http:// 192.168.7.1(success)。

6. 定义高级 ACL 规则

在路由器 AR3 上配置高级 ACL,选择 ACL 编号为 3001。由于限制临时办公区访问公司内部 Web 服务器,目的端口号可为 80,也可以使用 www。

```
[AR3]acl 3001
[AR3 - acl - adv - 3001]rule 5 deny tcp source 192.168.4.0 0.0.0.255 destination 192.168.7.0
0.0.0.255 destination - port eq www
[AR3 - acl - adv - 3001]
```

7. 将定义好的规则应用在接口上

```
[AR3]interface Ethernet0/0/1
[AR3 - Ethernet0/0/1]traffic - filter outbound acl 3001
[AR3 - Ethernet0/0/1]
```

8. 结果验证

在 PC6 Web 浏览器中输入:http:// 192.168.7.1(success)。

在 PC5 Web 浏览器中输入:http:// 192.168.7.1(fail)。

14.6 常见问题与解决方法

1. 常见问题

(1)问题一

在上述高级 ACL 配置过程中,为什么 PC5 能 ping 通服务器的 IP,而网页却不可以访问? 在不改变实验结果的情况下,怎样才能使得 PC5 ping 不通服务器?

(2)问题二

反掩码与通配符有何区别?

2. 解决方法

(1)问题一的解决方法

在高级 ACL 配置中,由于 ping 使用的参数 protocol 为 ICMP,而 Web 方式访问使用的参数 protocol 为 TCP,所以显示结果也不一样。而在本任务案例高级 ACL 配置中,定义的规则是限制源地址访问目的地址段的 Web 服务器,所用的协议是 TCP。而问题要求:临时办公区 ping 不通服务器 IP,也不能访问 Web 服务器网页。因此,应该需要在 AR3 路由器中增加下列命令。

```
[AR3]acl 3001
[AR3 - acl - adv - 3001]rule 3 deny ip source 192.168.4.0 0.0.0.255 destination 192.168.7.0 0.
0.0.255
[AR3 - acl - adv - 3001]
```

（2）问题二的解决方法

① Wild Card（反掩码）用来表示主机位的个数，由右至左连续的"1"来表示主机位的个数，不能被 0 断开。一个 IP 前缀＋反掩码＝IP 地址的范围，由反掩码来控制这个范围的大小。

反掩码只能取下面的值：

0000 0000＝0 1 个 IP 地址

0000 0001＝1 2 个 IP 地址

0000 0011＝3 4 个 IP 地址

0000 0111＝7 8 个 IP 地址

0000 1111＝15 16 个 IP 地址

0001 1111＝31 32 个 IP 地址

0011 1111＝63 64 个 IP 地址

0111 1111＝127 128 个 IP 地址

1111 1111＝255 256 个 IP 地址

"0"表示不能改变的部分，即被固定的前缀部分。

"1"表示可变的部分，任意取值，即可取的 IP 地址部分。

例如：

192.168.1.0

0.0.0.255

这个组合表示从 192.168.1.0～192.168.1.255 这 256 个 IP 地址。

② 通配符

Wildcard（通配符）：

"0"——锁住。用来固定不能变的部分。

"1"——任意取值，用来表示放开的部分。不需要连续。

14.7 创 新 训 练

14.7.1 训练目的

了解 ACL 类型，熟练配置基本 ACL 与高级 ACL，学会查看 ACL 定义的规则，学会删除 ACL 规则。

14.7.2 训练拓扑

办公区 A 不可以访问 FTP 服务器，办公区 B 可以访问 FTP 服务器，办公区 A 和办公区 B 在同一子网内。办公区 A 所在 IP 地址范围为 121.1.1.2～121.1.1.127；办公区 B 所在 IP 地址范围为 121.1.1.128～121.1.1.254。拓扑结构如图 14-4 所示。

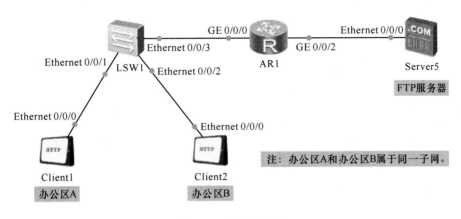

图 14-4 拓扑结构图

14.7.3 训练要求

1. 网络布线

根据拓扑图进行网络布线(路由器使用 AR2220)。

2. 实验编址

根据网络拓扑图设计网络设备的 IP 编址,填写表 14-7 所示地址表,根据需要填写,不需要的填写×。

表 14-7 设备配置地址表

设 备	接 口	IP 地址	子网掩码	网 关
AR1	GigabitEthernet 0/0/0			
	GigabitEthernet 0/0/2			
Client1	Ethernet 0/0/0			
Client2	Ethernet 0/0/0			
Server5	Ethernet 0/0/0			

3. 主要步骤

(1)搭建训练环境,根据表 14-7 填写的 IP 地址,设置 Client1、Client2 的 IP 地址、子网掩码以及网关。

(2)在路由器 AR1 上配置。

① 配置路由器名 AR1。

② 在路由器 AR1 上配置端口 GE 0/0/0、GE 0/0/2 IP 地址。

③ 配置高级 ACL,定义规则。

④ 将 ACL 定义的规则应用在接口上。

(3)验证测试。

① 在 Client1 客户端中访问 FTP 服务器,最终结果显示可以访问。

② 在 Client2 客户端中访问 FTP 服务器,最终结果显示不可以访问。

第五篇

综合实验篇

重要知识

实训 15　综合实验一:企业网的综合组网实验设计

15.1　引　　言

做计算机网络组网综合实训时,需要大量物理设备,往往真实的实验条件不具备,难以做到一人多台设备,而难以完成实验。而计算机网络综合组网实验是应用型高校计算机网络相关专业的必修课程。在真实环境不具备的情况下,采用计算机虚拟仿真软件,开展绿色实验教学。本实验以原有企业网络为模型,以现有工程改造项目为案例背景,对其网络升级改造,实现了企业网的综合组网实验。

15.2　重要知识点分析

15.2.1　VLAN 间路由技术

VLAN 间路由技术就是 VLAN 间通信所要用到的路由功能,是计算机网络实验课程中一个重要的知识点,通过网络层的路由功能实现不同 VLAN 之间相互通信,通常可使用的物理设备有三层交换机或路由器。通过交换机的三层虚拟接口技术可以实现不同 VLAN 间通信。使用路由器实现 VLAN 间通信的方式有:(1)通过路由器的不同端口与相对应的 VLAN 直接相连实现;(2)通过路由器的单臂路由实现;(3)对于具有二层接口模式的路由器也可以通过虚拟接口技术实现。路由器的不同端口与各自 VLAN 相连,由于路由器端口数量有限而且还要重新布设网线,不利于网络扩展;单臂路由通过路由器的逻辑子接口与交换机的各个 VLAN 连接,容易成为网络单点故障,现实意义不大。通常,三层交换机 VLAN 扩展能力强,数据吞吐量较大,因此常被用作核心交换机。如果要对现有网络进行改造升级,现有路由器具有二层接口功能,在没有三层交换机的情况下,为了节约资金,也可以把此路由器当成核心交换机使用。

15.2.2　WLAN 配置技术

无线局域网络(Wireless Local Area Network,WLAN)作为网络接入“最后一公里”的解决方案在特定的场合可以替代其他有线接入方式。WLAN 技术具有低成本和高带宽的优点,能够满足用户对无线宽带业务的需求。WLAN 技术配置主要是对 AC 无线接入控制器进行配置,组网方式有直连式和旁挂式两种。在给企业网络规划改造升级时,采用WLAN 技术,可以给企业客户提供一个临时的办公场所,也可以在企业有线网络架设环境受限时给企业客户提供无线办公场所。

15.2.3　NAT 技术

NAT 为 Network Address Translation 的简称,即网络地址转换。通过 NAT 配置技术可以实现将私有的网络地址转换为公有的网络地址,通过它们之间的映射关系,实现私有网与公有网之间的通信。NAT 的实现方式有:Easy IP、NAT Server、静态 NAT、动态 NAT等。Easy IP 实现了将多个私网内部地址映射到边缘路由器或其他设备网关出接口上的不同端口;NAT Server 实现了私网服务器随时可供公网用户访问;静态 NAT 实现了私有地址和公有地址之间的一对一映射,一个公网的 IP 仅能够分配给内网唯一固定的主机;动态NAT 根据互联网服务提供商分配下来的地址、根据地址池来实现私有网络地址和公有网络地址之间的相互转换。

15.3　组网实验方案设计

15.3.1　实验目的

掌握综合组网的常用配置技术,包括三层 VLAN 间通信、WLAN 配置技术、默认路由、NAT 配置技术等。

15.3.2　实验设备

实验在仿真网络实验平台 eNSP 上实现。实验设备有:路由器两台、二层交换机三台、AC6605(无线控制器)一台、AP6010(无线接入点)两台、PC 三台、STA(带无线网卡的笔记本)两台、手机模拟器两台、Server(服务器)一台以及双绞线若干。

15.3.3　仿真要求

1. 实验背景描述

某公司为一小型公司,公司职员较少,所有部门人员办公网络都在同一子网内。现在因业务扩展,公司增加了办公人员,原有网络已不能满足办公需求,需要对现有网络进行重新规划,网络规划拓扑如图 15-1 所示。实验网络分为私网区和公网区。私网区即该公司的内网区,主要分为无线区域规划、服务器专区、财务隔离区、其他办公区。公司内网采用扁平化网络结构,充分利用现有设备,现有的一台路由器 AR1 具有三层工作模式和二层工作模式,为了节约成本可以不用去重新购买三层交换机,因此把公司原有的路由器既作为边缘路由器又作为核心层设备使用。为了实现与公网连接,公司向互联网服务提供商(ISP)申请了两个公有 IP 地址(214.144.168.190/24 和 214.144.168.191/24)。

2. 实验要求

(1) 实现 WLAN 功能。要求 AC 控制器旁挂在接入层交换机,在 AC 上配置 DHCP 服务功能,实现笔记本、手机自动获得 IP 地址并且能够无线上网。

(2) 实现 VLAN 间通信。PC1、PC2、PC4、服务器、出口路由器 AR1、无线终端设备全网互通,财务部门 PC3 与内网其他部门 PC、无线终端设备不能互通。

(3) 实现 NAT 功能。采用 Easy IP、NAT Server 配置,要求公司内网终端设备可以访问外网,外网客户端可以访问内网 Web 服务器。

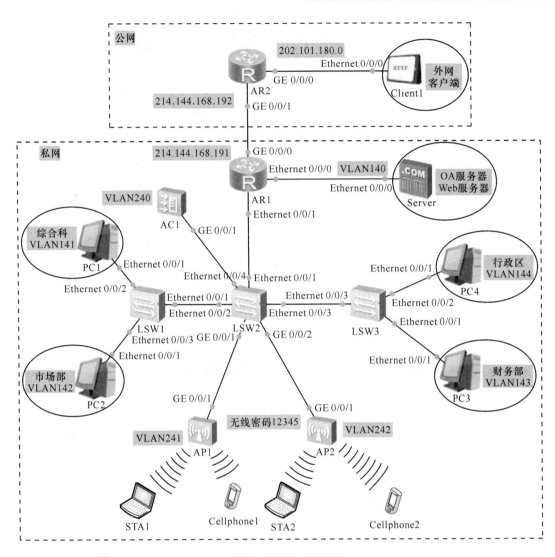

图 15-1　网络规划拓扑图

15.4　实验方案实现与验证

15.4.1　实验网络逻辑规划

根据网络规划拓扑图及实验要求,在公司内网区规划八个 VLAN:VLAN240 为无线控制器管理区;VLAN241 为无线访客区;VLAN242 为无线办公区;VLAN140 为服务器专区;VLAN141 为综合科部门区;VLAN142 为市场部门区;VLAN143 为财务部门;VLAN144 为行政区。

公网的两个 IP 地址:214.144.168.191 用于公司接入路由器的接口地址;214.144.168.190 用于公司 Web 服务器地址。具体的网络设备及终端设备 IP 地址分配情况如表 15-1 和表 15-2所示。

表 15-1　网络设备端口地址规划表

设　备	端　口	IP 地址/子网掩码
AR1	GE0/0/0	214.144.168.191/24
	VLANIF141	192.168.141.254/24
	VLANIF142	192.168.142.254/24
	VLANIF143	192.168.143.254/24
	VLANIF144	192.168.144.254/24
	VLANIF241	192.168.241.254/24
	VLANIF242	192.168.242.254/24
	VLANIF140	192.168.140.254/24
AC	VLANIF240	192.168.240.254/24
	VLANIF241	192.168.241.253/24
	VLANIF242	192.168.242.253/24
AR2	GE0/0/1	214.144.168.192/24
	GE0/0/0	202.101.180.254/24

表 15-2　终端设备地址规划表

设　备	IP 地址/子网掩码	网　关	VLAN
PC1	192.168.141.1/24	192.168.141.254	VLAN141
PC2	192.168.142.1/24	192.168.142.254	VLAN142
PC3	192.168.143.1/24	192.168.143.254	VLAN143
PC4	192.168.144.1/24	192.168.144.254	VLAN144
Server	192.168.140.1/24	192.168.140.254	VLAN140
Client1	202.101.180.1/24	202.101.180.254	无
STA1	自动分配	自动分配	VLAN241
STA2	自动分配	自动分配	VLAN242
Cellphone1	自动分配	自动分配	VLAN241
Cellphone2	自动分配	自动分配	VLAN242

15.4.2　网络设备配置

1. 基于路由器的 VLAN 间内网通信

为了实现公司内网全网互通,需要在核心路由器 AR1 上创建 VLANIF,启动三层路由交换功能,配置与接入层相连的接口。实现配置的关键代码及描述如下:

```
[AR1]vlan batch 140 to 144 241 242          //创建公司内网规划区域的 VLAN
[AR1]interfacee0/0/1                         //进入接口视图,该接口用于与接入层相连
[AR1-Ethernet0/0/1]port link-type trunk      //配置 Trunk 接口类型
[AR1-Ethernet0/0/1]port trunk allow-pass vlan all //转发所有部门数据信息
[AR1]interfacee0/0/0                          //进入接口视图,该接口用于与服务器相连
```

```
[AR1 - Ethernet0/0/1]port link - type access //配置 Access 接口类型
[AR1 - Ethernet0/0/1]port default vlan 140 //将端口加入 VLAN 140 中
[AR1]interface vlanif 242 //创建无线办公区虚拟接口,并进入该接口视图
[AR1 - Vlanif242]ip address 192.168.242.254 24 //配置无线办公区的网关地址,实现三层互通
```

路由器 AR1 中 VLANIF140、VLANIF141、VLANIF142、VLANIF143、VLANIF144、VLANIF241 的创建及相关地址配置,可参照 VLANIF242 的配置方法。内网中交换机与交换机、路由器级联的端口,可参照路由器 AR1 中 Ethernet0/0/1 的端口配置命令。交换机与终端设备相连,先在交换机上创建相对应部门的 VLAN,然后终端设备 PC1～PC4 相连的接口配置,可参照路由器 AR1 中 Ethernet0/0/0 与服务器相连的接口配置命令,在此不再赘述。

2. 无线区域配置

AC 控制器需要创建 VLAN,配置 DHCP 服务功能。AP 设备为"零配置",即插即用设备不需要配置。无线区域规划配置在这里以 AP2 配置为例,AP1 参照 AP2 配置即可。AC 控制器的主要配置过程如下。

① 配置 DHCP Server 功能。AC 作为 DHCP 服务器,AP2 从 AC 上获取 IP 地址功能;配置无线办公区的全局地址池。关键代码及描述如下:

```
[AC1]vlan batch 240 to 242                              //创建 WLAN 区域的 VLAN
[AC1]dhcp enable                                        //开启 DHCP 服务功能
[AC1]ip pool242                                         //创建无线办公区全局地址池
[AC1 - ip - pool - 242]gateway - list 192.168.242.254   //配置全局地址池出口的网关地址
[AC1 - ip - pool - 242]network 192.168.242.0 mask 255.255.255.0 //配置分配网段地址
```

② 配置 AC 和接入交换机,实现 AP2 和 AC 互通。AC 端口 GigabitEthernet 0/0/1 和接入交换机端口 Ethernet0/0/4、GE0/0/2 的配置,可参照 AR1 中 Ethernet0/0/1 的端口配置命令。

```
[AC1]interface vlanif 242                               //创建虚拟接口,并进入接口视图
[AC1 - Vlanif242]ip address 192.168.242.253 24          //配置 IP 地址、子网掩码
[AC1 - Vlanif242]dhcp select global                     //配置接口 DHCP 服务器功能
```

③ 配置 AC 的基本功能。配置 AC 全局参数(运营商标识、ID、国家码)方便识别和管理。创建 VLANIF 接口,配置其 IP 地址作为数据转发的三层接口,同时能进行 DHCP 服务。Vlanif 240 为 AP 分配 IP 地址。

```
[AC1]wlan ac - global ac id 1 carrier id ctc            //配置 AC 运营商标识和 ID
[AC1]wlan ac - global country - code cn                 //配置国家码
[AC1]dhcp enable                                        //开启 DHCP 服务功能
[AC1]interface vlanif 240                               //创建虚拟接口,并进入该接口视图
[AC1 - Vlanif240]ip address 192.168.240.254 24          //配置 IP 地址、子网掩码
[AC1]wlan                                               //进入 WLAN 视图
[AC1 - wlan - view]wlan ac source interface vlanif 240  //配置 AC 源接口为 Vlanif 240,用于在
                                                          AP 和 AC1 之间建立通信
```

④ 配置 AP2 上线的认证方式,并把 AP2 加入 AP 域中,实现 AP2 正常工作。关键代码及描述如下:

```
[AC1-wlan-view]ap-auth-mode mac-auth                      //配置 AP 的认证方式为 MAC 认证
[AC1-wlan-view]ap id 1 type-id 19 mac 00e0-fcbc-5df0
[AC1-wlan-view]ap-region id 242                           //配置 AP 域 ID
[AC1-wlan-view]ap id 1 //进入 AP2 ID 视图
[AC1-wlan-ap-1]region-id 242                              // AP2 加入 AP 域 242
```

⑤ 配置 VAP,下发 WLAN 业务,实现 STA 访问 WLAN 网络功能。

```
[AC1]interface wlan-ess 1                                 //配置 WLAN-ESS 虚接口
[AC1-WLAN-ESS1]dhcp enable
[AC1-WLAN-ESS1]port link-type hybrid
[AC1-WLAN-ESS1]port hybrid untagged vlan 242
[AC1-wlan-view]wmm-profile name wmm001 id 1              //创建名为"wmm001"的 WMM 模板
[AC1-wlan-view]radio-profile name rd001                 //创建名为"rd001"的射频模板
[AC1-wlan-radio-prof-rd001]wmm-profile name wmm001      //绑定 WMM 模板
[AC1-wlan-view]traffic-profile name t002 id 2           //创建流量模板
[AC1-wlan-view]security-profile name s002 id 2          //创建安全模板
[AC1-wlan-sec-prof-s002]wep authentication-method share-key
[AC1-wlan-sec-prof-s002]wep key wep-40 pass-phrase 0 simple 12345   //设置无线客户端
                                                                         登录密码

[AC1-wlan-view]service-set name hw002 id 1              //创建与 AP2 对应的服务集
[AC1-wlan-service-set-hw002]wlan-ess 1                  //绑定虚接口 WLAN-ESS 1
[AC1-wlan-service-set-hw002]ssid hw002                  //指定服务集的 SSID
[AC1-wlan-service-set-hw002]traffic-profile id 2        //绑定流量模板
[AC1-wlan-service-set-hw002]security-profile id 2       //绑定 AP2 对应的安全模板
[AC1-wlan-service-set-hw002]service-vlan 242            //绑定 service-set 服务集的
                                                         VAP 的业务 VLAN ID

[AC1-wlan-view]ap 1 radio 0                             //进入射频视图
[AC1-wlan-view-1/0]radio-profile name rd001            // AP2 对应的射频绑定射频模板
[AC1-wlan-view-1/0]service-set name hw002              //绑定服务集
[AC1-wlan-view]commit all                              //下发 VAP 到 AP2
```

3. 基于 ACL 的简化流策略配置财务部专区

为了提高财务部网络的安全性,这里采取基于 ACL 的简化流策略配置方法,使财务部与其他部门相隔离,同时又能和其他部门一样能够访问 OA 服务器、公网。在核心层路由器 AR1 上配置简化的流策略,实现配置关键代码及描述如下:

```
[AR1]acl 2041//创建基本 ACL 2041,并进入 ACL 视图
[AR1-acl-basic-2041]step 7//设置步长为 7
[AR1-acl-basic-2041]rule deny source 192.168.141.0 0.0.0.255   //表示禁止源 IP 地址为
192.168.141.0 网段的报文通过
```

　　[AR1-acl-basic-2041]rule deny source 192.168.142.0 0.0.0.255 //表示禁止源 IP 地址为 192.168.142.0 网段的报文通过

　　[AR1-acl-basic-2041]rule deny source 192.168.144.0 0.0.0.255 //表示禁止源 IP 地址为 192.168.144.0 网段的报文通过

　　[AR1-acl-basic-2041]rule deny source 192.168.241.0 0.0.0.255 //表示禁止源 IP 地址为 192.168.241.0 网段的报文通过

　　[AR1-acl-basic-2041]rule deny source 192.168.242.0 0.0.0.255 //表示禁止源 IP 地址为 192.168.242.0 网段的报文通过

　　[AR1]interface Vlanif 143 //进入 VLAN143 接口视图

　　[AR1-Vlanif143]traffic-filter outbound acl 2041 //关联接口,根据 ACL 中的 rule 规则对报文流进行过滤

4. 基于 EasyIP 和 NAT Server 的数据流控制功能的实现

公司内网通过路由器 AR1 访问公网,同时限制公网访问内网私有主机。采取 Easy IP 配置方式实现控制指定的数据流通过,利用 NAT Server 配置方式实现外网访问内网服务器。AR1 实现配置关键代码及描述如下:

```
[AR1]acl 2010 //定义基本的控制列表
[AR1-acl-basic-2010]rule 5 permit          //允许所有内网网段数据流通过
[AR1]interfaceg0/0/0                        //进入接口视图,该接口用于连接外网
[AR1-GigabitEthernet0/0/0]ip address 214.144.168.191 255.255.255.0   //外网接口地址,由
                                                                        ISP 分配
[AR1-GigabitEthernet0/0/0]nat outbound 2010 //定义关联 ACL 地址段进行地址转换
[AR1-GigabitEthernet0/0/0]nat server protocol tcp global 214.144.168.190 www inside 192.
168.140.1 www    //定义内部服务器的映射表,外部用户可以通过公网地址访问内部服务器
[AR1]ip route-static 0.0.0.0 0.0.0.0 214.144.168.192          //配置默认静态路由,用于实现
                                                                Internet 访问
```

15.4.3　实验结果验证

1. 访问 Internet

在内网 PC 或无线办公区的移动设备中使用 ping 指令测试与外网客户端 Client1 的连通性,结果如图 15-2 所示,验证实验成功。

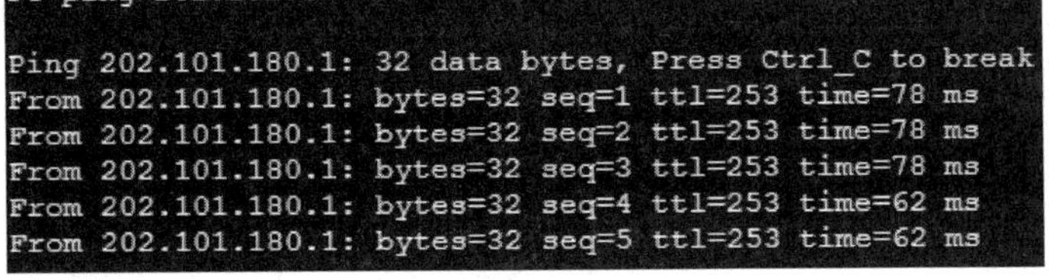

```
PC>ping 202.101.180.1

Ping 202.101.180.1: 32 data bytes, Press Ctrl_C to break
From 202.101.180.1: bytes=32 seq=1 ttl=253 time=78 ms
From 202.101.180.1: bytes=32 seq=2 ttl=253 time=78 ms
From 202.101.180.1: bytes=32 seq=3 ttl=253 time=78 ms
From 202.101.180.1: bytes=32 seq=4 ttl=253 time=62 ms
From 202.101.180.1: bytes=32 seq=5 ttl=253 time=62 ms
```

图 15-2　访问 Internet

2. 财务部隔离

在内网 PC 中使用 ping 指令测试与财务部 PC3 的连通性,结果如图 15-3 所示,验证实验成功。

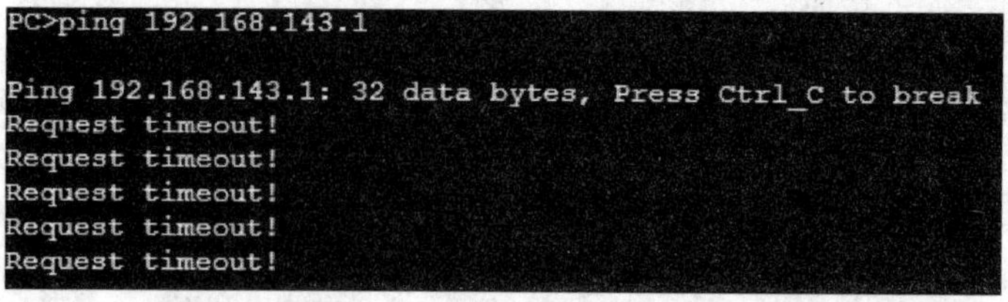

```
PC>ping 192.168.143.1

Ping 192.168.143.1: 32 data bytes, Press Ctrl_C to break
Request timeout!
Request timeout!
Request timeout!
Request timeout!
Request timeout!
```

图 15-3　其他部门与财务部隔离测试

3. Internet 访问内网服务器

在外网 Client1 浏览器窗口中输入内网 Web 服务器对外的网站地址,结果如图 15-4 所示,显示可以成功访问。

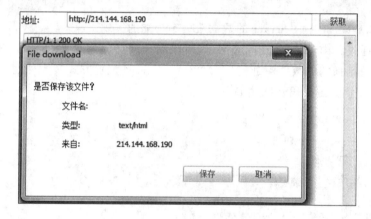

图 15-4　外网客户端访问公司网站

实训 16 综合实验二:防火墙仿真实验

16.1 引 言

本实验设计的防火墙仿真案例,能够很好地仿真防火墙技术,达到和现实中真实设备一样的效果,为学生的防火墙实验以及教师课堂案例教学创造了良好的效果。

16.2 防火墙的基本原理和工作模式

16.2.1 防火墙的基本原理

防火墙技术作为一种隔离内部安全网络与外部不信任网络的防御技术,已经成为计算机网络安全体系结构中的一个重要组成部分。所谓的防火墙指的是一个由软件和硬件设备组合而成的,在内部网与外部网之间、在专用网与公共网之间的界面上构造的保护隔离屏障。防火墙在 Internet 与 Intranet 之间建立起安全网关(Security Gateway),从而保护内部网免受非法用户的侵入。防火墙主要由服务访问规则、验证工具、包过滤和应用网关 4 个部分组成。防火墙就是一个位于计算机和它所连接的网络之间的软件或硬件。计算机流入流出的所有网络通信和数据包均要经过它安装的防火墙。

16.2.2 防火墙的工作模式

防火墙的工作模式主要有三种:路由模式、透明模式和混合模式。

路由模式是指设备接口具有 IP 地址,通过三层对外连接;透明模式是指设备接口没有 IP 地址,通过二层对外连接;混合模式是指设备既有工作在路由模式的接口,又有工作在透明模式的接口。

16.3 实验设计分析

16.3.1 实验目的

实验的目的:①了解防火墙的基本原理;②理解防火墙的工作模式;③掌握防火墙的配置过程;④掌握 eNSP 的使用方法。

16.3.2 具体实训项目及指导思想

以工程案例为指导思想,以企业真实的工程项目为依据,将现实中真实的工程项目分解成多个子项目逐步完成,最终将实际任务搭建成实验室的具体实验项目来完成[3]。南京市某 IT 公司因业务需要,在昆山市建立了子公司,现在要求子公司研发小组能够通过 Internet 把子公司关键业务机密数据安全地传给总公司。要求子公司可以访问总公司的 Web 服务器、FTP 服务器、Telnet 服务器。总公司通过防火墙连接 Internet,子公司通过路由器连接到 Internet。使用防火墙技术解决这个问题,采取的主要实验步骤为:①需求分析;②拓扑结构设计;③实验环境的配置;④具体实验步骤;⑤实验结果验证。

16.3.3　网络拓扑结构仿真设计

在 eNSP 工作区绘制网络拓扑结构仿真图,如图 16-1 所示。

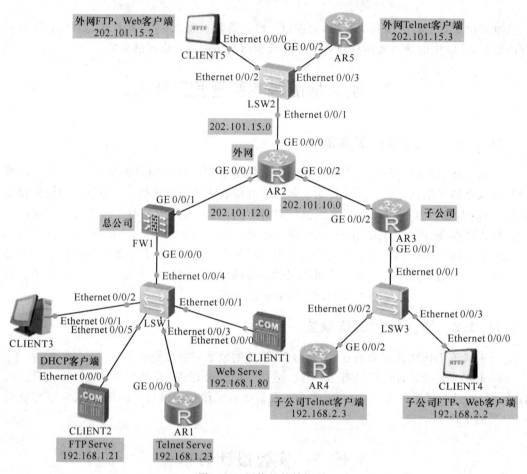

图 16-1　网络拓扑结构图

16.3.4　实验环境配置

（1）设备选择

在进行仿真实验时,选择设备防火墙 USG5500 一台,为 FW1,作为总公司连接外网 Internet 的接入设备;路由器 AR2220 五台,分别为 AR1、AR2、AR3、AR4、AR5,其作用分别是:模拟 Telnet 服务器,模拟 Internet 网络,子公司连接 Internet 接入设备,模拟子公司 Telnet 客户端,模拟 Internet 外网 Telnet 客户端;服务器 Server 两台,分别为 CLIENT1、CLIENT2,其中一台作为 Web Server,另一台作为 FTP Server;PC 模拟器三台,分别为 CLIENT3、CLIENT4、CLIENT5,CLIENT3 作为公司南京总部内网普通 PC,CLIENT4 作为昆山子公司 PC 客户端访问 Web Server 和 FTP Server,CLIENT5 作为外网 PC 客户端测试服务器;交换机 S3700 三台,为 LSW1、LSW2、LSW3,分别为总公司内部组网设备、子公司组网设备、外网设备。

（2）设备互连

设备端口互连情况,如图 16-1 所示。

（3）IP 地址规划

为了接近现实环境,首先要规划一下 IP 地址。将南京总部与昆山子公司各自内部主机地址都设置为私有的 IP 地址,南京总部为 192.168.1.0/24,昆山子公司为 192.168.2.0/24。将南京总部与外网 Internet 相连部分的网段设置为 202.101.12.0/24,昆山子公司与外网 Internet 相连部分的网段设置为 202.101.10.0/24,外网 Internet 所包含网段为 202.101.15.0/24。

16.4　网络组建

16.4.1　总公司网络组建

对总公司防火墙、服务器端的设备进行配置,可以组建一个总公司局域网,主要步骤如下。

（1）配置 Web 服务器与 FTP 服务器终端设备 IP 地址

双击 CLIENT1,在基础配置窗口中将 Web 服务器 IP 地址设置为 192.168.1.80,子网掩码设置为 255.255.255.0,网关设置为 192.168.1.1,如图 16-2 所示。作为 FTP 服务器,CLIENT2 的 IP 地址设置方法与 CLIENT1 地址设置方法相同,设置为 192.168.1.21,子网掩码为 255.255.255.0,网关设置为 192.168.1.1。作为总公司内网普通主机,CLIENT3 采取 DHCP 自动分配获得 IP 地址。

图 16-2　Web 服务器 IP 地址配置

（2）配置 Telnet 服务器

配置 Telnet 服务器接口与远程登录方式，双击路由器 AR1，在弹出的窗口输入命令配置 Telnet 服务器，主要命令如下：

```
< Huawei > system – view                    //进入系统视图界面
[Huawei]sysname AR1                         //修改设备名称为 AR1
[AR1]interface GigabitEthernet 0/0/0        //进入接口 GE0/0/0
[AR1 – GigabitEthernet0/0/0]ip address 192.168.1.23 24  //配置 IP 地址与子网掩码
[AR1 – GigabitEthernet0/0/0]quit            //退出接口界面
[AR1]ip route – static 0.0.0.0 0.0.0.0 192.168.1.1   //定义默认路由,实现网络连通
[AR1]user – interface vty 0 4               //为 AR1 配置登录方式为密码验证登录
[AR1 – ui – vty0 – 4]authentication – mode password
Please configure the login password (maximum length 16):tel123  //设置密码为 tel123
```

（3）配置防火墙 FW1

① 采取路由模式配置防火墙内网与外网的接口，并加入相应的 zone，内网开启 DHCP。双击防火墙 FW1，在弹出的窗口输入命令配置 FW1，主要命令如下：

```
< SRG > system – view                       //进入系统视图界面
[SRG]sysname FW1                            //修改设备名称
[FW1]interface GigabitEthernet 0/0/0        //进入接口 GE0/0/0
[FW1 – GigabitEthernet0/0/0]ip address 192.168.1.1 24   //配置 IP 地址与子网掩码
[FW1 – GigabitEthernet0/0/0]dhcp select interface       //关联接口
[FW1 – GigabitEthernet0/0/0]dhcp server gateway – list 192.168.1.1  //配置客户端网关
[FW1 – GigabitEthernet0/0/0]quit            //退出接口界面
[FW1]ip route – static 0.0.0.0 0.0.0.0 202.101.12.2     //添加默认路由
[FW1]firewall zone trust                    //进入 trust 安全区域视图
[FW1 – zone – trust]add interface GigabitEthernet0/0/0  //将接口加入 trust 区域
[FW1 – zone – trust]quit                    //退出
[FW1]firewall zone untrust                  //进入 untrust 安全区域视图
[FW1 – zone – untrust]add interface GigabitEthernet0/0/1  //将接口加入 untrust 区域
[FW1 – zone – untrust]quit                  //退出
```

② 配置完成后，内网 PC 可以获得地址，防火墙可以 ping 外网设备的地址，但是外网设备没法 ping 防火墙，所以放行 untrust 到 local 的 inbound 的策略里面的 ICMP 和 Telnet，配置如下：

```
[FW1]policy interzone local untrust inbound
[FW1 – policy – interzone – local – untrust – inbound]policy 1
[FW1 – policy – interzone – local – untrust – inbound – 1]action permit
[FW1 – policy – interzone – local – untrust – inbound – 1]policy service service – set icmp
[FW1 – policy – interzone – local – untrust – inbound – 1]policy service service – set telnet
[FW1 – policy – interzone – local – untrust – inbound – 1]policy service service – set ftp
[FW1 – policy – interzone – local – untrust – inbound – 1]policy service service – set http
```

③ 开启 trust 到 untrust 的默认行为允许。

```
[FW1]firewall packet-filter default permit interzone trust untrust direction outbound
```

④ 开启防火墙的 NAT，允许内网访问外网的 NAT 策略。

```
[FW1]nat address-group 1 202.101.12.1 202.101.12.1    //创建 NAT 地址池
[FW1]nat-policy interzone trust untrust outbound        //配置 trust 到 untrust 的 NAT Outbound 规则
[FW1-nat-policy-interzone-trust-untrust-outbound]policy 1
[FW1-nat-policy-interzone-trust-untrust-outbound-1]action source-nat
[FW1-nat-policy-interzone-trust-untrust-outbound-1]policy source 192.168.1.0 mask 24
[FW1-nat-policy-interzone-trust-untrust-outbound-1]address-group 1
```

⑤ 设置允许外网访问 Telnet Server、FTP Server、Web Server，Telnet 使用端口号为 2 323，其他服务器选择默认端口。先做 NAT，再匹配策略。

```
[FW1]nat server 0 protocol tcp global interface GigabitEthernet0/0/1 2323 inside 192.168.1.23
telnet          //配置 NAT Server Telnet 规则
[FW1]nat server 1 protocol tcp global interface GigabitEthernet0/0/1 ftp inside 192.168.1.21
ftp             //配置 NAT Server FTP 规则
[FW1]nat server 2 protocol tcp global 202.101.12.1 www inside 192.168.1.80 www   //配置 NAT
Server HTTP 规则
[FW1]policy interzone trust untrust inbound      //配置 trust 到 untrust 的 NAT Inbound 规则
[FW1-policy-interzone-trust-untrust-inbound]policy 1
[FW1-policy-interzone-trust-untrust-inbound-1]action permit
[FW1-policy-interzone-trust-untrust-inbound-1]policy service service-set telnet
[FW1-policy-interzone-trust-untrust-inbound-1]policy service service-set ftp
[FW1-policy-interzone-trust-untrust-inbound-1]policy service service-set http
[FW1-policy-interzone-trust-untrust-inbound-1]policy destination 192.168.1.23 0
[FW1-policy-interzone-trust-untrust-inbound-1]policy destination 192.168.1.21 0
[FW1-policy-interzone-trust-untrust-inbound-1]policy destination 192.168.1.80 0
```

16.4.2 子公司网络组建

对子公司路由器、客户端的设备进行配置，可以组建一个子公司小型局域网，主要步骤如下。

（1）配置路由器 AR3

配置子公司路由器 AR3 连接内网的接口，并配置 Easy-IP 地址转换，双击路由器 AR3，在弹出的窗口输入命令，主要配置命令如下：

```
<Huawei>system-view                              //进入系统视图界面
[Huawei]sysname AR3                              //修改设备名称为 AR3
[AR3]interface GigabitEthernet 0/0/1             //进入接口 GE0/0/1
[AR3-GigabitEthernet0/0/1]ip address 192.168.2.1 24    //配置 IP 地址与子网掩码
[AR3-GigabitEthernet0/0/1]quit                   //退出接口界面
[AR3]interface GigabitEthernet 0/0/2             //进入接口 GE0/0/2
```

```
[AR3 - GigabitEthernet0/0/2]ip address 202.101.10.2 24 //配置 IP 地址与子网掩码

[AR3]ip route - static 0.0.0.0 0 202.101.10.1 //添加默认路由

[AR3]acl 2001 //定义 ACL 2001

[AR3 - acl - basic - 2001]rule 5 permit source 192.168.2.0 0.0.0.255 //定义规则源地址

[AR3 - acl - basic - 2001]quit //退出

[AR3]interface GigabitEthernet0/0/2 //进入接口 G0/0/2

[AR3 - GigabitEthernet0/0/2]nat outbound 2001 //对 ACL 2001 定义的地址段进行地址转换,并且直
接使用 G0/0/2 接口的 IP 地址作为 NAT 转换后的地址
```

（2）配置 Telnet 客户端

双击路由器 AR4,在弹出的窗口输入命令配置 Telnet 客户端,主要命令如下：

```
< Huawei > system - view                                    //进入系统视图界面

[Huawei]sysname AR4                                         //修改设备名称为 AR4

[AR4]interface GigabitEthernet 0/0/2                        //进入接口 GE0/0/2

[AR4 - GigabitEthernet0/0/1]ip address 192.168.2.3 24       //配置 IP 地址与子网掩码

[AR4 - GigabitEthernet0/0/1]quit                            //退出接口界面

[AR4]ip route - static 0.0.0.0 0.0.0.0 192.168.3.1          //定义默认路由,实现网络连通
```

（3）配置 FTP、Web 客户端

双击 CLIENT4,在基础配置窗口中将 IP 地址设置为 192.168.2.2,子网掩码为 255.255.255.0,网关设置为 192.168.2.1,与 Web 服务器 IP 地址配置方法相同,可参照图 16-2。

16.4.3　外网 Internet 配置

（1）路由器 AR2 配置

配置路由器 AR2 接口,并运行 RIP 协议关联网络。

```
< Huawei > system - view                                    //进入系统视图界面

[Huawei]sysname AR2                                         //修改设备名称为 AR4

[AR2]interface GigabitEthernet 0/0/1                        //进入接口 GE0/0/1

[AR2 - GigabitEthernet0/0/1]ip address 202.101.12.2 24      //配置 IP 地址与子网掩码

[AR2 - GigabitEthernet0/0/1]quit                            //退出接口界面

[AR2]interface GigabitEthernet 0/0/2                        //进入接口 GE0/0/2

[AR2 - GigabitEthernet0/0/2]ip address 202.101.10.1 24      //配置 IP 地址与子网掩码

[AR2 - GigabitEthernet0/0/2]quit                            //退出接口界面

[AR2]interface GigabitEthernet 0/0/0                        //进入接口 GE0/0/0

[AR2 - GigabitEthernet0/0/0]ip address 202.101.15.1 24      //配置 IP 地址与子网掩码

[AR2 - GigabitEthernet0/0/0]quit                            //退出接口界面

[AR2]rip                                                    //开启 RIP 进程

[AR2]version 2                                              //运行 V2 版本
```

```
[AR2 - rip - 1]network 202.101.12.0 //宣告网络
[AR2 - rip - 1]network 202.101.10.0 //宣告网络
[AR2 - rip - 1]network 202.101.15.0 //宣告网络
```

（2）Internet Telnet 客户端配置

双击路由器 AR5，在弹出的窗口输入命令配置外网 Telnet 客户端，主要命令如下：

```
< Huawei > system - view                              //进入系统视图界面
[Huawei]sysname AR5                                   //修改设备名称为 AR5
[AR5]interface GigabitEthernet 0/0/2                  //进入接口 GE0/0/2
[AR5 - GigabitEthernet0/0/2]ip address 202.101.15.3 24 //配置 IP 地址与子网掩码
[AR5 - GigabitEthernet0/0/2]quit                      //退出接口界面
[AR5]ip route - static 0.0.0.0 0.0.0.0 202.101.15.1   //定义默认路由，实现网络连通
```

（3）外网 FTP、Web 客户端配置

双击 CLIENT5，在基础配置窗口中将 IP 地址设置为 202.101.15.2，子网掩码为 255.255.255.0，网关设置为 202.101.15.1，与 Web 服务器 IP 地址配置方法相同，可参照图 16-2。

16.4.4 防火墙策略配置

要实现子公司客户端可以访问总公司服务器，限制外网 Internet 客户端访问总公司服务器，还需在总公司防火墙做以下配置：

```
[FW1]policy interzone trust untrust inbound            //配置 trust 到 untrust 的 NAT Inbound 规则
[FW1 - policy - interzone - trust - untrust - inbound]policy 1
[FW1 - policy - interzone - trust - untrust - inbound - 1]policy source 202.101.10.2 0    //添加
策略，指定子公司网段地址可以访问总公司服务器
```

16.5 实验结果验证

16.5.1 全网互通仿真实验结果

通过 16.5.1 小节～16.5.3 小节的实验操作，可以实现子公司与总公司、外网 Internet 与总公司之间相互通信。通过验证外网客户端、子公司客户端可以访问总公司的 Web 服务器、FTP 服务器和 Telnet 服务器。

16.5.2 仿真实验最终结果

在全网互通的基础上，总公司防火墙添加策略配置（见 16.5.4 小节的实验操作），实现了外网 Internet 不能访问总公司服务器，而子公司客户端可以访问总公司的 Web 服务器、FTP 服务器和 Telnet 服务器。双击子公司的 Telnet 客户端 AR4，输入"telnet 202.101. 12.1 2323"，回车，提示输入密码，输入 Telnet 服务器远程登录密码"tel123"，即成功登录 Telnet

服务器 AR1,如图 16-3 所示。而在外网客户端 AR5 中输入"telnet 202.101.12.1 2323",则提示不能访问 Telnet 服务器。

图 16-3　子公司客户端成功登录 Telnet 服务器

　　开启总公司 FTP 服务器、Web 服务器,在子公司客户端访问 FTP 服务器和 Web 服务器,显示可以登录访问。而在外网 Internet 客户端访问总公司服务器,则显示不能访问。

参 考 文 献

[1] 周亚军.华为 HCNA 认证详解与学习指南[M].北京:电子工业出版社,2017.

[2] 高峰.HCNA-WLAN 学习指南[M].北京:人民邮电出版社,2016.

[3] 孟祥成.基于 eNSP 的二层 VLAN 虚拟仿真实验[J].实验室研究与探索,2017,36(9):102-106.

[4] 田果,彭定学.趣学 CCNA 路由与交换[M].北京:人民邮电出版社,2015.

[5] 甘刚.网络设备配置与管理[M].北京:人民邮电出版社,2016.

[6] 苏函.HCNA 实验指南[M].北京:电子工业出版社,2016.

[7] 刘丹宁,田果,韩士良.路由与交换技术[M].北京:人民邮电出版社,2017.

[8] 华为技术有限公司.HCNA 网络技术实验指南[M].北京:人民邮电出版社,2017.

[9] 赵新胜,陈美娟.路由与交换技术[M].北京:人民邮电出版社,2018.

[10] 孟祥成.基于 eNSP 的防火墙仿真实验[J].实验室研究与探索,2016,35(4):95-100.

[11] 孟祥成.一种仿真企业网的综合组网实验设计[J].实验室研究与探索,2018,37(6):135-139.